Bertrand Tchanche Fankam

EFFICACITE ENERGETIQUE DANS L'INDUSTRIE

Bertrand Tchanche Fankam

EFFICACITE ENERGETIQUE DANS L'INDUSTRIE

L'exemple d'une entreprise brassicole : la GCSA

Presses Académiques Francophones

Impressum / Mentions légales
Bibliografische Information der Deutschen Nationalbibliothek: Die Deutsche Nationalbibliothek verzeichnet diese Publikation in der Deutschen Nationalbibliografie; detaillierte bibliografische Daten sind im Internet über http://dnb.d-nb.de abrufbar.
Alle in diesem Buch genannten Marken und Produktnamen unterliegen warenzeichen-, marken- oder patentrechtlichem Schutz bzw. sind Warenzeichen oder eingetragene Warenzeichen der jeweiligen Inhaber. Die Wiedergabe von Marken, Produktnamen, Gebrauchsnamen, Handelsnamen, Warenbezeichnungen u.s.w. in diesem Werk berechtigt auch ohne besondere Kennzeichnung nicht zu der Annahme, dass solche Namen im Sinne der Warenzeichen- und Markenschutzgesetzgebung als frei zu betrachten wären und daher von jedermann benutzt werden dürften.

Information bibliographique publiée par la Deutsche Nationalbibliothek: La Deutsche Nationalbibliothek inscrit cette publication à la Deutsche Nationalbibliografie; des données bibliographiques détaillées sont disponibles sur internet à l'adresse http://dnb.d-nb.de.
Toutes marques et noms de produits mentionnés dans ce livre demeurent sous la protection des marques, des marques déposées et des brevets, et sont des marques ou des marques déposées de leurs détenteurs respectifs. L'utilisation des marques, noms de produits, noms communs, noms commerciaux, descriptions de produits, etc, même sans qu'ils soient mentionnés de façon particulière dans ce livre ne signifie en aucune façon que ces noms peuvent être utilisés sans restriction à l'égard de la législation pour la protection des marques et des marques déposées et pourraient donc être utilisés par quiconque.

Coverbild / Photo de couverture: www.ingimage.com

Verlag / Editeur:
Presses Académiques Francophones
ist ein Imprint der / est une marque déposée de
OmniScriptum GmbH & Co. KG
Heinrich-Böcking-Str. 6-8, 66121 Saarbrücken, Deutschland / Allemagne
Email: info@presses-academiques.com

Herstellung: siehe letzte Seite /
Impression: voir la dernière page
ISBN: 978-3-8416-2481-9

Copyright / Droit d'auteur © 2014 OmniScriptum GmbH & Co. KG
Alle Rechte vorbehalten. / Tous droits réservés. Saarbrücken 2014

EFFICACITE ENERGETIQUE DANS L'INDUSTRIE
L'exemple d'une entreprise brassicole : la GCSA

A
Charlotte,
Prisca, Armand et Belmond.

Avant-propos

L'audit énergétique consiste à regarder un système du point de vue de son fonctionnement, de sa structure ou composition, de le comprendre, de l'analyser pour enfin desceller et évaluer les dysfonctionnements qui génèrent des gaspillages d'énergie et engendrent des dépenses. La pratique des audits a beaucoup évolué ces dernières années dans le sens de sa compréhension, de sa standardisation ou normalisation et même au niveau des outils d'analyse. La thermodynamique permet non pas seulement à partir de ses principes de bien analyser les flux d'énergie, mais grâce à l'analyse exergétique et à la thermoéconomie d'envisager un fonctionnement optimal des systèmes énergétiques.

Du point de vue de la dimension, on peut avoir comme système énergétique une machine, une industrie, un bâtiment, une ville, un pays, ou même la planète entière. Dans ce livre, il s'agit de prendre le cas particulier d'une industrie et de présenter des éléments de base pour la conduite d'un audit. L'audit doit partir de l'examen du système jusqu'à la mise en place des mesures visant à réduire les ratios énergétiques établis en passant par l'évaluation des flux d'énergie perdus et sa traduction en termes économiques. Il s'agit souvent de changer un procédé par un autre ou de proposer des solutions adaptées aux besoins de l'entreprise.

Le présent livre est basé sur un mémoire de fin d'études réalisé à l'Institut International d'Ingénierie de l'Eau et de l'Environnementale d'Ouagadougou, Burkina Faso en 2003. Sans utiliser les techniques d'analyse très poussées, il permet au lecteur de cerner les contours d'un audit énergétique dans une industrie.

Table des matières
Avant-propos 5
Nomenclature 11
   RESUME 15
   1. INTRODUCTION 19
   2. PRESENTATION DE LA SOCIETE GUINNESS CAMEROUN S.A. .. 22
      2.1   Aperçu historique 22
      2.2   Présentation du site 22
      2.3   Les activités 24
      2.4   Le poids économique 24
      2.5   L'organisation administrative 24
      2.6   Le département de la production 26
      2.7   Le procédé de fabrication de la bière 26
   3. METHODE DE CONDUITE D'UN AUDIT ENERGETIQUE EN MILIEU INDUSTRIEL 28
      3.1   Les industries 28
      3.2   Les normes 29
      3.3   La méthode de conduite 29
      3.4   Les outils d'analyses économique et financière des projets 33
   4. BILANS ENERGETIQUE ET ECONOMIQUE 36
      4.1   Inventaire des postes 36
      4.2   Le bilan énergétique 36
      4.3   Le bilan économique 39

4.4 Le bilan de production 40

4.5 Calcul du ratio de consommation 41

5. ETUDE DE LA FACTURATION ELECTRICIQUE 43

5.1 Approvisionnement en énergie électrique 43

5.2 Description du contrat d'abonnement 44

5.3 La méthode de facturation AES-SONEL 45

5.4 Optimisation de la facturation 47

5.5 Amélioration du facteur de puissance 48

5.6 Les recommandations 50

5.7 Conclusion 50

6. ETUDE DU SYSTEME VAPEUR 51

6.1 Introduction 51

6.2 Description du réseau de vapeur 52

6.3 Diagnostic du réseau 56

6.4 Bilan énergétique de la chaufferie 59

6.5 Analyse et évaluation des gisements d'économie d'énergie 62

6.6 Résumé des mesures et économies réalisables sur le réseau de vapeur 76

6.7 Conclusion 78

7. ETUDE DE L'AIR COMPRIME 80

7.1 Introduction 80

7.2 Les unités de production 81

7.3 Le transport de l'air comprimé 83

7.4 L'utilisation de l'air comprimé 84

7.5	Le diagnostic des installations	84
7.6	Le Bilan énergétique	88
7.7	Le coût de l'air	90
7.8	Examen et évaluation des gisements d'économie d'énergie	90
7.9	Les recommandations	96
7.10	Conclusion	97
8.	CONCLUSIONS	98
BIBLIOGRAPHIE		99
ANNEXES		100

Nomenclature

B	Bénéfice	FCFA
C	Coût	FCFA
c_e	Chaleur massique de l'eau	kJ/kg.K
C_e	Consommation d'énergie	kWh
C_{sech}	Consommation du sécheur	kWh
D	Diamètre	m
e	Excès d'air	%
E_a	Economies annuelles	FCFA
F	Flux net	FCFA
h	Enthalpie massique	kJ/kg
h	Coefficient d'échange convectif	$W/m^2.C$
i	Taux d'actualisation	%
I_0	Investissement initial	FCFA
K	Coefficient d'échange global	$W/K.m^2$
k_s	Coefficient de Siegert	(-)
M	Masse	t
$\dot{m}_f$	Débit massique de fioul	kg/s
$\dot{m}_{fu}$	Débit massique de fuite	kg/s
$\dot{m}_e$	Débit massique d'eau	kg/s
n	Nombre de moles	(-)
n	Année	(-)
N	Durée de vie du projet	ans
ODP	Ordre de priorité	(-)
p	Pression	Pa
P_a	Puissance absorbée	kW
PCI	Pouvoir calorifique inférieur	MJ/kg

p_{charge}	Pertes en charge	kWh
P_s	Puissance souscrite	kW
P_{sech}	Puissance électrique du sécheur	kW
P_{tr}	Puissance du transformateur	kW
p_{vide}	Pertes à vide	kWh
q_a	Débit d'eau d'appoint	m^3/h
q_c	Débit des condensats	m^3/h
$\dot{Q}_{1,2}$	Puissance thermique	kW
Q_e	Energie électrique	MJ
Q_f	Energie du fioul	MJ
Q_g	Energie du gasoil	MJ
Q_r	Puissance réactive	kW
Q_s	Pertes par chaleur sensible	MJ/kg
q_t	Débit d'eau en chaudière	m^3/h
$q_{v(e,f)}$	Débit volumique	m^3/s
R	Constante des gaz parfaits	kJ/kmol.K
R_e	Ratio énergétique	MJ/hl
R_{ec}	Taux de recouvrement des condensats	%
s	Entropie massique	kJ/kg.K
S	Aire	m^2
T	Température	°C, K
T_A	Température ambiante	°C
T_f	Température de fumées	°C
TRA	Temps de retour actualisé	mois, an
TRB	Temps brut de retour	mois, an
TRI	Taux de rentabilité interne	%
VAN	Valeur actualisée nette	(€, FCFA)
V	Volume	m^3

| V_p | Volume de produits | hl |
| W_c | Puissance utile du compresseur | kW |

Lettres grecques

α	Teneur en CO_2	%
α_0	Concentration en CO_2 des fumées neutres	%
ΔT	Différence de températures	K
ρ	Masse volumique	kg/m^3
ω	Teneur en oxygène	%

RESUME

Un audit énergétique partiel de l'entreprise GUINNESS CAMEROUN S.A. a été réalisé dans le second semestre de l'année 2003. La consommation finale d'énergie de l'entreprise est de 5,74 ktep répartie comme suit : 73% pour le fioul, 22% pour l'électricité et 5% pour le gasoil (Figures 1 et 2).

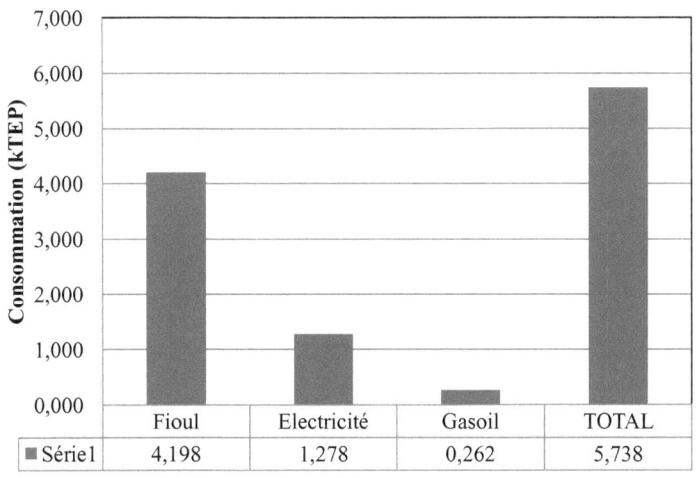

Figure 1: La consommation finale d'énergie

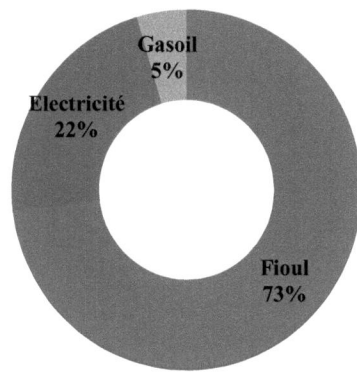

Figure 2: Répartition de la consommation finale d'énergie

L'analyse de la répartition à l'utilisation montre que les utilités consomment plus de la moitié de la quantité totale d'énergie électrique et les procédés la quasi-totalité de l'énergie thermique comme le montrent les figures 3 et 4.

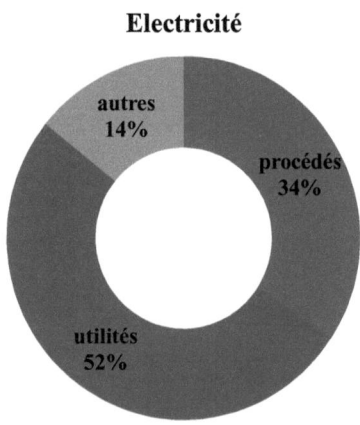

Figure 3: Répartition de l'énergie électrique à l'utilisation

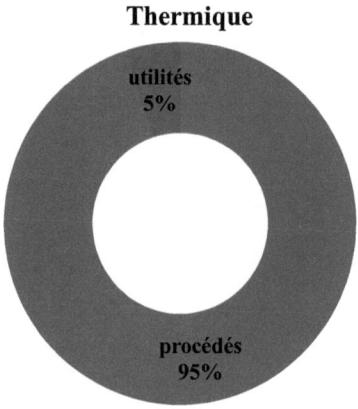

Figure 4: Répartition de l'énergie thermique à l'utilisation

La dépense annuelle liée à l'énergie est de 1 470 403 601 FCFA. Le fioul et l'électricité sont pratiquement à parts égales sur les figures 5 et 6.

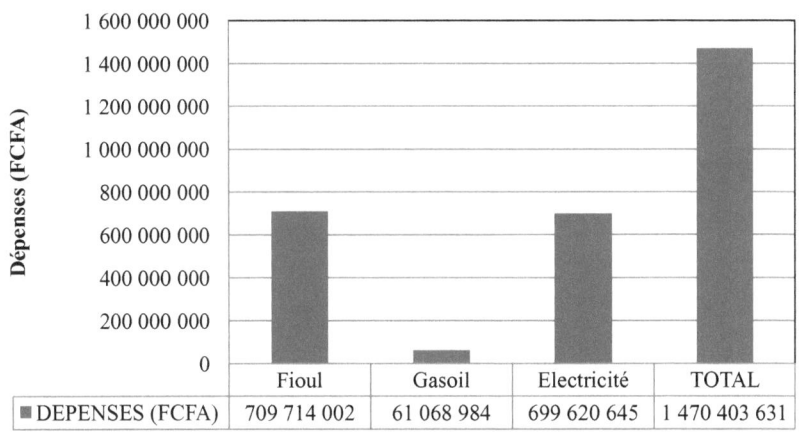

Figure 5: Dépenses annuelles liées aux énergies

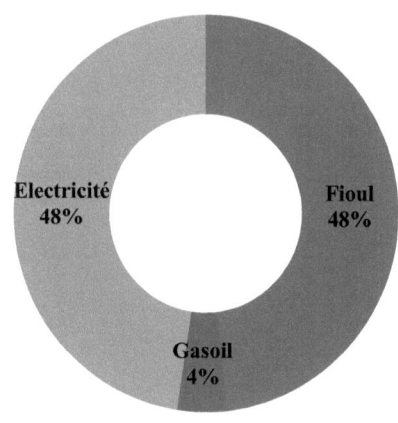

Figure 6: Dépenses annuelles liées aux énergies

Les recommandations proposées dans le tableau 1 permettent d'économiser 0,343 ktep, soit 5,98% des consommations énergétiques de l'entreprise et ainsi de réduire le ratio énergétique de 289,23 à 272,45 MJ/hl. Ces mesures représentent 102 319 394 FCFA d'économies, soit 6,96% des dépenses annuelles liées à l'énergie.

Tableau 1: Synthèse des mesures

Mesures	Economie annuelle		Investissement (FCFA)	TRB (mois)	ODP
	(tep)	(FCFA)			
Electricité					
Ajuster le contrat AES	0	29 825 042	0	immédiat	1
Vapeur					
Isolation					
Condensats	1,09	183 748	525 000	28	3
Vapeur	13,87	2 344 716	1 358 000	7	2
Fuites					
Eau	2,7	470 350	300 000	8	2
Vapeur	26,44	5 585 580	15 400 000	33	3
Maintenance	51,64	8 725 415	0	immédiat	1
Economiseur	216,92	34 820 325	150 000 000	52	3
Air comprimé					
Fuites	18,58	11 884 221	10 000 000	9	2
Régulation	14,73	8 479 997	20 000 000	29	3

1. INTRODUCTION

Les énergies fossiles ont pendant longtemps été utilisées pour soutenir la croissance économique depuis sa découverte. Ces énergies sont utilisées dans l'industrie, le transport et le bâtiment. Elles servent dans les centrales thermiques à charbon, à fioul ou à gaz à produire de l'électricité devenue incontournable pour le confort et le bien-être. Cependant, ces ressources fossiles sont à l'origine du réchauffement climatique qui a de graves conséquences sur les activités humaines. Les sources d'énergie d'origine fossile ne sont pas non plus intarissables. Le modèle d'Hubert a démontré qu'aux Etats Unis il y avait risque de crise énergétique avec des conséquences incalculables. Le modèle appliqué à l'échelle planétaire, prévoit un risque de pénurie. Cependant, tout cela est à relativiser car les technologies de forage et d'exploitation pétrolière évoluent sans cesse et il est difficile de prévoir quand aura effectivement lieu la crise du pétrole tant annoncée. Un facteur cependant appelle à une grande vigilance et à une action dans le sens des économies ou des réductions des consommations : c'est l'augmentation des prix. Elle est due à une croissance dans les pays en développement et à la démographie mondiale qui tirent la demande vers le haut. L'efficacité énergétique prend donc de l'importance dans un tel contexte. Elle est utile pour tout système, l'industrie, le bâtiment, le transport tout comme l'agriculture. Il s'agit à chaque fois de minimiser la consommation énergétique et donc le coût qui en découle, ce qui a pour effet positif la stabilisation des coûts de production pour les industries et des revenus pour les ménages.

La société GUINNESS CAMEROUN S.A. filiale de la multinationale GUINNESS est une usine brassicole située à Douala, Cameroun et qui y est installée depuis les années 1960. L'étude dont il est question dans le présent livre s'est déroulée en 2003, et avait pour but d'aider l'entreprise à réduire sa consommation énergétique qui était à 290 MJ/hl.

L'audit se déroulait dans un contexte de crise énergétique que traversait le Cameroun. Depuis 1986, la production de pétrole brut se réduit progressivement sans que ne soient envisagées des mesures pour inverser la tendance[1] (figure 1.1). La SONARA (Société Nationale de Raffinage) incapable de raffiner le pétrole brut lourd produit sur place, doit importer du pétrole brut léger du Nigéria afin servir la demande nationale sans cesse croissante[2].

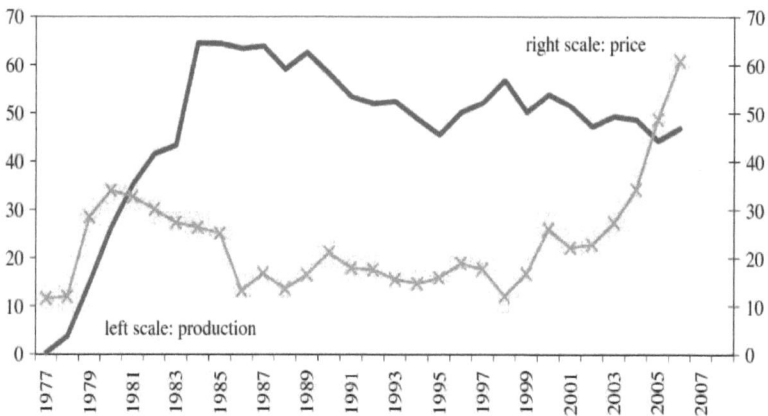

Figure1.1 : Evolution de la production pétrolière du Cameroun (million de barils) et évolution du prix du baril de pétrole (US$) [1]

Sous la pression des bailleurs de fonds, le Cameroun en pleine crise économique va privatiser une partie de ses structures de production en réponse à la crise économique qu'il traverse. En 2001, la société nationale d'électricité (SONEL) en difficulté suite à la mauvaise gestion et aux effets de la dévaluation du FCFA (Franc des Communautés Financières d'Afrique) survenue en 1994 a été cédée en partie à AES (Applied Energy Systems) Corporation qui possède désormais

51% des actions. La restructuration, l'extension et la rénovation du réseau électrique faisait partie du cahier des charges mais les investissements attendus devant améliorer la fourniture d'électricité n'ont pas suivi et le Cameroun se retrouve en déficit d'énergie électrique. Le bilan énergétique du réseau électrique montre que d'une part l'offre est inferieure à la demande et que d'autre part les pertes sur le réseau sont excessives – voir figure 1.2[3]. Les délestages réguliers, les coupures fréquentes de courant, et l'augmentation des prix des énergies ont des conséquences très négatives sur les entreprises dont une augmentation des coûts de production et des dommages sur les systèmes de production[4].

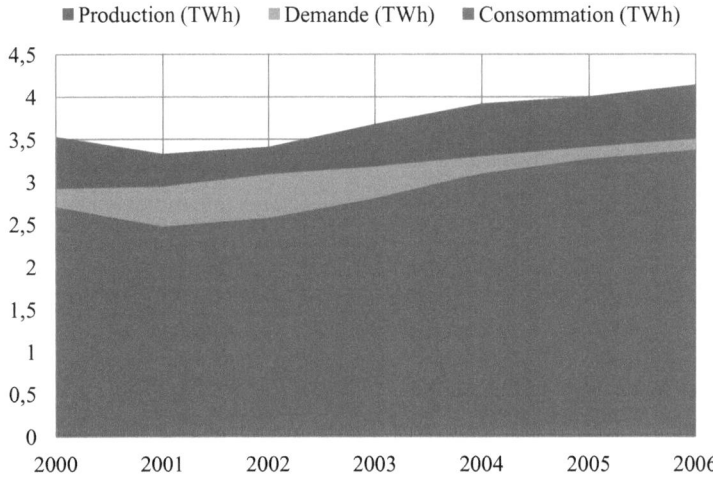

Figure 1.2: Bilan énergétique du réseau électrique du Cameroun[3]

2. PRESENTATION DE LA SOCIETE GUINNESS CAMEROUN S.A.

2.1 Aperçu historique

Arthur Guinness né en 1725 à County Kildare en Irlande est le fondateur de GUINNESS. A 31 ans, il possédait déjà une brasserie à Leixlip. A 34 ans il se rend à Dublin et redresse une petite brasserie de Saint James alors aux bords de la faillite. Le 1er Décembre 1759, il signe le premier document de la Brewers & Malters Corporation. En 1803, il décède laissant à ses trois fils une entreprise prospère et solide. Ses descendants feront de cette entreprise une des plus grandes brasseries au monde. Du fait de ses activités sans cesse croissantes, elle est nationalisée en 1886. En 2003, la Guinness est brassée dans plus de 50 pays et est consommée dans plus de 150 à travers le monde.

Cette société arrive en Afrique au 20e siècle avec le développement entre l'Afrique et l'Europe. Au Cameroun, elle fait son apparition dans les années 1960. En février 1967, la GUINNESS CAMEROUN S.A. est créée avec J. Bardolph comme directeur. La construction de l'usine à Douala commence en 1969 et la première bière est brassée et vendue en 1970. Des dépôts sont alors créés un peu partout à travers le Cameroun: Bafoussam, Bamenda, etc.

2.2 Présentation du site

L'usine est située dans la zone industrielle de Bassa, à Douala, entre le carrefour Ndokoti et la cité CICAM. La figure 2.1 montre les dix régions du Cameroun et la ville côtière de Douala.

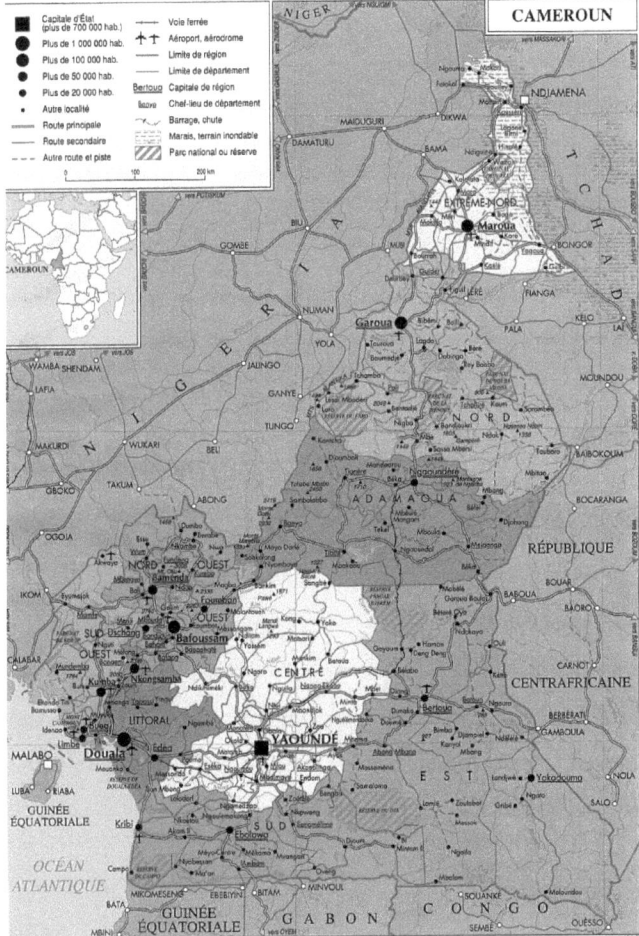

Figure 2.1: La carte du Cameroun

Plusieurs bâtiments se trouvent sur le site :

- Les silos
- La zone de fabrication
- Les zones de conditionnement
- La salle des machines
- La station de traitement des eaux

- Le garage
- Les bâtiments administratifs
- Les aires de sport

2.3 Les activités

La société GUINNESS CAMEROUN SA est une entreprise dont l'activité principale consiste à produire des boissons. Depuis sa création, elle a essayé sur le marché plusieurs produits avec plus ou moins de succès :

- Guinness (1970)
- Gold-harp (1971)
- Malta guinness (1984)
- Shandy (1987)
- Jaica (1997)
- Satzenbrau (1989)
- Gordon spark (2002)

Il est aussi à noter que l'entreprise distribue de l'eau minérale vendue sous le label supermont®. Ses produits sont écoulés d'une part sur le marché local et dans les pays limitrophes.

2.4 Le poids économique

L'entreprise en 2002 avait un capital social de 7 622 000 000 FCFA. Elle emploie près de 716 personnes, ce qui fait d'elle une grande pourvoyeuse d'emplois. Elle produit près de 900 000 hl de bière, consomme environ 15 ktep/an et occupe le deuxième rang parmi les brasseries.

2.5 L'organisation administrative

L'entreprise est organisée en six directions (voir organigramme de la figure 2.2) :

- La direction générale
- La direction des finances
- La direction du marketing
- La direction de la production
- La direction des ressources humaines
- La direction commerciale

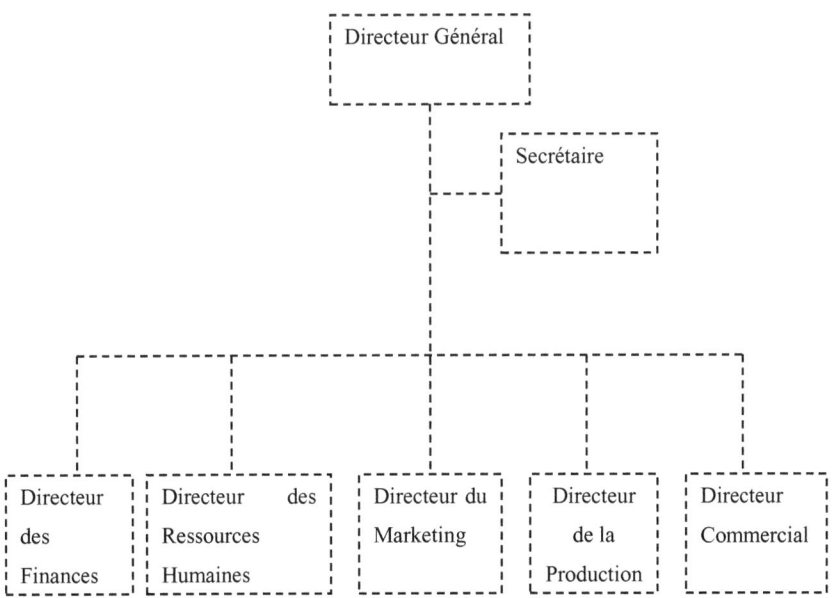

Figure 2.2 : Organigramme de l'entreprise

2.6 Le département de la production

Le département de la production est la partie usine de l'entreprise où la matière première (malt, houblon, sucre, etc.) est transformée en produits prêts pour le marché. L'usine est composée de plusieurs zones :

- La zone de brassage : réception et fabrication
- Les zones de conditionnement : stockage et mise en bouteille des produits
- Le service des utilités : fourniture en eau et énergie pour les procédés
- Le laboratoire : analyse, contrôle et vérification de la qualité des produits
- Les magasins : lieu de stockage des emballages et des produits finis

2.7 Le procédé de fabrication de la bière

A la base une matière première contenant du saccharose : le malt. Le malt est concassé, empatté, macéré puis filtré. Apres filtration, le mout est récupéré puis décanté. Le mout clarifié est ensuite refroidi puis placé dans les cuves de fermentation. La fermentation consiste à transformer le saccharose en alcool. L'équation de la réaction chimique est la suivante :

$$C_6H_{12}O_6 \rightarrow 2C_2H_5\text{-}OH + 2CO_2 + 230 \text{ kJ} \qquad (2.1)$$

Après fermentation, suivent la centrifugation, le refroidissement et la maturation. La maturation dure 7 jours environ. A l'issue de cette étape, la bière est filtrée puis délivrée avec de l'eau désaérée et mise ne bouteille. Suivant le type de produit désiré, le processus peut connaître quelques modifications. La figure 2.3 montre les différentes étapes de la fabrication de la malta.

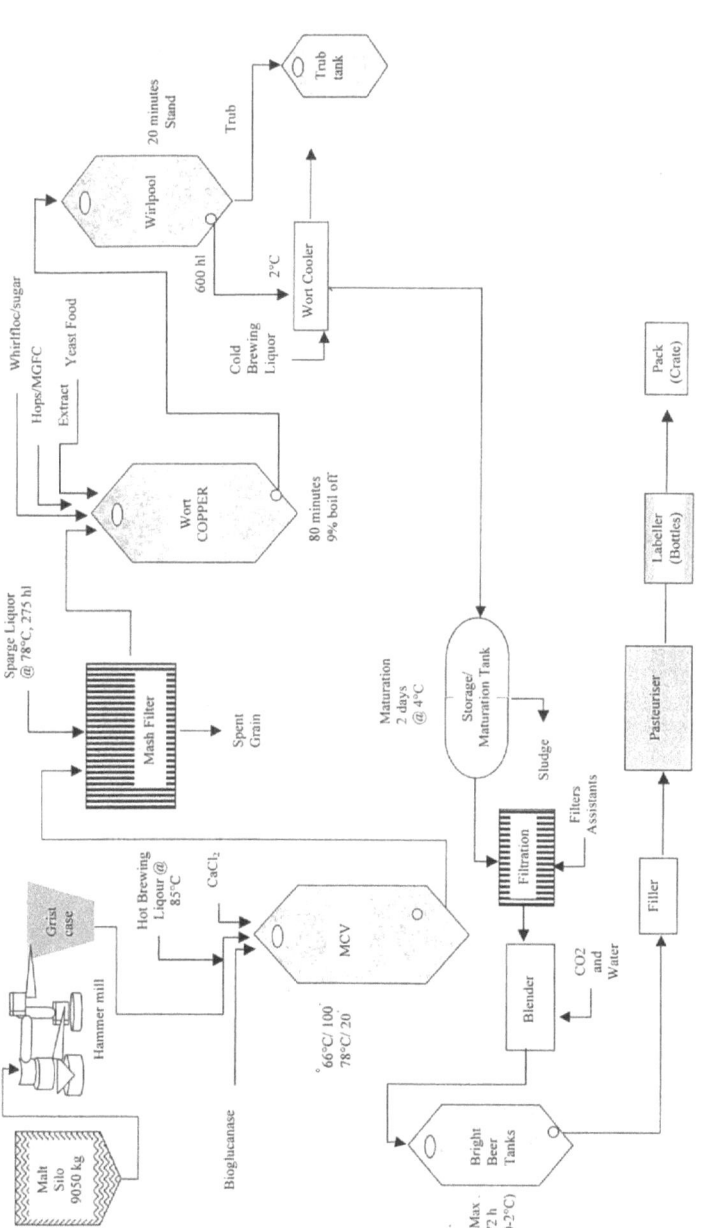

Figure 2.3 : Les étapes de la fabrication de la malta Guinness

3. METHODE DE CONDUITE D'UN AUDIT ENERGETIQUE EN MILIEU INDUSTRIEL

3.1 Les industries

Les industries sont répertoriées par branche. La plupart des entreprises énergivores sont listées ci-dessous :

- Energie
- Chimie
- Pharmacie
- Métallurgie (aluminium, fer, etc.)
- Verre
- Céramique
- Matériaux de construction (ciment, béton, briques, etc.)
- Industrie du papier
- Industries agro-alimentaires
- Le textile
- Matières plastiques et caoutchouc
- Eau, déchets et environnement
- Automobile
- Transport
- Constructions mécaniques
- Constructions électriques et électroniques
- Informatique et logiciels

3.2 Les normes

La norme EN 16247-1 adoptée en 2012 définit un audit énergétique comme un « examen et analyse méthodologique de l'usage et de la consommation énergétique d'un site, bâtiment, système ou organisme ayant pour objet d'identifier les flux énergétiques et les potentiels d'amélioration de l'efficacité énergétique en définissant les actions nécessaires à la réalisation de ces économies et d'en rendre compte ».

3.3 La méthode de conduite

La maîtrise de l'énergie dans l'industrie passe d'abord par le respect des consignes et points de fonctionnement des appareils tels que fournis par le constructeur et la mise en œuvre d'actions simples et de bon sens favorisant les économies d'énergie. Lorsque les gaspillages et les dépenses liées aux systèmes énergétiques deviennent importants, il est nécessaire d'effectuer un audit interne des installations puis faire appel aux cabinets conseils pour la réalisation de diagnostic énergétique. Un diagnostic est une étude visant à améliorer les performances énergétiques des installations et équipements afin de réduire les dépenses dues aux énergies. Un diagnostic énergétique se déroule généralement en plusieurs étapes :

- La planification
- La collecte des données
- La campagne des mesures
- Le traitement des données
- L'identification des améliorations
- L'élaboration d'un programme d'intervention
- La production du rapport

3.3.1 La planification de l'audit

Il s'agit de définir les objectifs, de procéder à un découpage du système de production en sous-systèmes, puis définir les taches d'analyse et de surveillance et les répartir. A cette étape l'équipe chargé de réaliser l'étude, rencontre les gestionnaires du bâtiment pour la définition des besoins et des objectifs de l'étude et visite les installations à diagnostiquer.

3.3.2 La collecte des données

Le recueil des données porte sur :
- Les données de production par produit
- Les données de consommation par type d'énergie
- L'évolution dans le temps de la consommation et de la production

Les données sont recueillies avec la collaboration des gestionnaires, ingénieurs, techniciens et operateurs de l'usine. Les systèmes généralement concernés sont :
- Les installations électriques
- Les installations de production et de distribution de la vapeur
- Les installations de production, de transport et d'utilisation du froid
- Les installations de production, de transport et d'utilisation de l'air comprimé
- Les installations de ventilation et de conditionnement d'air
- Les procédés

3.3.3 La campagne de mesures

Les données récoltées à la phase précédente ne permettent pas souvent de procéder à une analyse complète des performances des équipements. Il arrive fréquemment que des documents soient inexistants. Il faut alors procéder à une campagne de mesures pour déterminer les paramètres de fonctionnement des équipements (puissance électrique, tension, pression, température, etc.) afin de déduire les performances. La réalisation des mesures implique qu'il faut définir les campagnes nécessaires, faire l'inventaire des mesures disponibles et de celles complémentaires à effectuer puis trouver les instruments adaptés aux mesures envisagées.

3.3.4 Le traitement des données

A cette étape, l'auditeur ou le diagnostiqueur ausculte toutes les informations recueillies et les analyse.

Le traitement des données comprend: l'analyse de la facturation, l'étude du mode de fonctionnement et d'exploitation des systèmes de production, l'évaluation du bilan énergétique (voir exergétique), les simulations énergétiques (exergétiques) et l'évaluation des pertes.

3.3.5 L'identification des améliorations

A partir des résultats de l'étape précédente, des pistes d'amélioration peuvent être envisagées. L'auditeur procède à des simulations portant sur plusieurs solutions, évalue les économies réalisées et la rentabilité des différentes solutions. Les mesures proposées porteront aussi bien sur la gestion énergétique, la sensibilisation du personnel que sur les investissements à réaliser. Les mesures sont enfin classées en trois catégories :

- Les mesures à faible coût ou à coût nul
- Les mesures avec une période de retour sur investissement inferieure à deux ans
- Les mesures dont le temps de retour sur investissement est supérieur à deux ans

3.3.6 L'élaboration d'un programme d'intervention et la production du rapport

A la fin de l'audit, un rapport doit être produit. Il est lu et expliqué au cours d'une réunion de présentation à tous les partenaires. Ce rapport doit contenir les points suivants :

- Une introduction
- Un résumé et une synthèse des résultats
- Le bilan énergétique de l'installation
- Un rapport d'étude du système électrique
- Un rapport d'étude des procédés
- Un rapport d'étude des utilités
- La conclusion – résumé des recommandations

Un sommaire détaillé se présenterait comme suit :

- *Une introduction (description de l'entreprise)*
  Présentation de l'entrepris et de ses activités
  Les consommations d'énergie te les coûts associés
  Les sources d'approvisionnement (matières premières, énergies)
  Les unités consommatrices (procédés, utilités, transport, etc.)
  Les objectifs de l'audit

- *Etudes des systèmes énergétiques (air, chaleur, froid, etc.)*
  Description du système
  Résultats des mesures
  Proposition d'amélioration
  Evaluation des économies
  Rentabilité économique des mesures

- *Etude du système électrique*

Description du système
  Résultats des mesures
  Propositions d'améliorations et évaluation des économies
  Evaluation des économies
  Calcul de la rentabilité économique

- *Conclusions – résumé des recommandations*
  Actions sans investissement financier
  Améliorations à court, moyen et long termes
  Coûts économiques des actions et améliorations
  Classement des mesures proposées par ordre de priorité

Il est important de discuter de la stratégie d'intervention avec le gestionnaire afin d'établir un programme lequel doit placer en première priorité les mesures ne nécessitant pas un financement.

3.4 Les outils d'analyses économique et financière des projets

Les méthodes d'analyse économique et financière sont assez connues et présentées dans divers livres. Cependant, les critères couramment utilisés dans les projets d'économie d'énergie sont donnés ci-dessous. Il existe de nombreux logiciels qui permettent de faire rapidement ces calculs, notamment le logiciel RETscreen.

3.4.1 La valeur actualisée nette (VAN)

C'est la somme des flux financiers actualisés. Il intègre et actualise en même temps les quantités monétaires (recettes, dépenses, etc.) des différentes périodes. La relation utilisée pour déterminer la VAN est :

$$VAN = I_0 + \sum_{n=1}^{N} \frac{F_n}{(1+i)^n} \qquad (3.1)$$

$$F_n = B_n - C_n \qquad (3.2)$$

n : l'année

N : durée du projet

F : le flux net

i : le taux d'actualisation ou coût du capital

B : flux entrant (bénéfice)

C : flux sortant (coûts)

I_0 : investissement initial

Avec ce critère, un investissement ne peut être réalisé que si VAN > 0, et si plusieurs investissements sont à comparer, le meilleur est celui pour lequel la VAN est la plus grande.

3.4.2 Le taux de rentabilité interne (TRI)

C'est le taux d'actualisation qui aboutit à une valeur nulle de la VAN. La relation utilisée pour déterminer le TRI est :

$$VAN = 0 \Leftrightarrow I_0 + \sum_{n=1}^{N} \frac{F_n}{(1+TRI)^n} = 0 \qquad (3.3)$$

Un projet d'investissement sera considéré comme rentable si la TRI prévisible est supérieur au taux bancaire.

3.4.3 Le temps brut de retour (TRB)

C'est le temps nécessaire pour que le cumul des économies annuelles équilibre l'investissement. Cependant, il ne prend pas en compte la notion d'actualisation mais permet rapidement de voir si la mesure ou le projet proposé pourrait être pertinent. La relation utilisée pour déterminer le TRB est :

$$TRB = \frac{I}{E_a} \qquad (3.4)$$

I : investissement
E : économie annuelle

3.4.4 *Le temps de retour actualisé (TRA)*

C'est le nombre d'années nécessaires pour que le cumul des économies annuelles actualisées équilibre l'investissement. La relation utilisée pour déterminer le TRA est :

$$TRA = -\frac{\ln\left(1 - \frac{i \cdot I_0}{F_n}\right)}{\ln(1+i)} \qquad (3.5)$$

Cette relation suppose que le flux net est constant durant toute la durée de vie du projet.

4. BILANS ENERGETIQUE ET ECONOMIQUE

4.1 Inventaire des postes

Comme dans toute étude de diagnostic énergétique, un recensement des postes doit être réalisé. On divise en trois catégories, l'électricité, les procédés et les utilités. Les utilités allient les systèmes motorisés et l'utilisation des fluides. Les postes utilités sont :

- Le chaud (production, transport et distribution de la vapeur)
- Le froid (production, transport et distribution)
- L'air comprimé (production, transport et distribution)
- Le système de ventilation
- Le dioxyde de carbone (production, transport et distribution)
- L'eau (production et gestion)

Les procédés concernent les différentes phases de fabrication des différents produits. Les éléments concernés sont la machine qui transforme la matière première, le système de transmission (pneumatique, robotique), les moteurs et les systèmes de détection de défauts/conformité ou de comptage.

L'électricité englobe toute la chaîne (abonnement, compteurs, branchements, protection, éléments de transport et charges) et toutes les origines (production indépendante et achat).

4.2 Le bilan énergétique

Les énergies finales utilisées:
- Les énergies fossiles (fioul, gasoil et gaz butane)
- L'électricité

Le fioul sert à l'alimentation des chaudières, et le gasoil aux groupes électrogènes de secours et au matériel roulant. L'énergie électrique alimente les moteurs, machines, systèmes d'éclairage, compresseurs, ventilateurs, etc. Le bilan des consommations énergétiques sur l'année de référence établi à partir des données de l'annexe 1 est présenté dans les graphes 4.1-4.3. La consommation totale annuelle d'énergie de l'entreprise est de 5,74 ktep (Figure 4.4) réparties de manière suivante : 73% pour le fioul, 22% pour l'électricité et 5% pour le gasoil (Figure 4.5). La consommation de gaz est marginale et n'a pas été prise en compte.

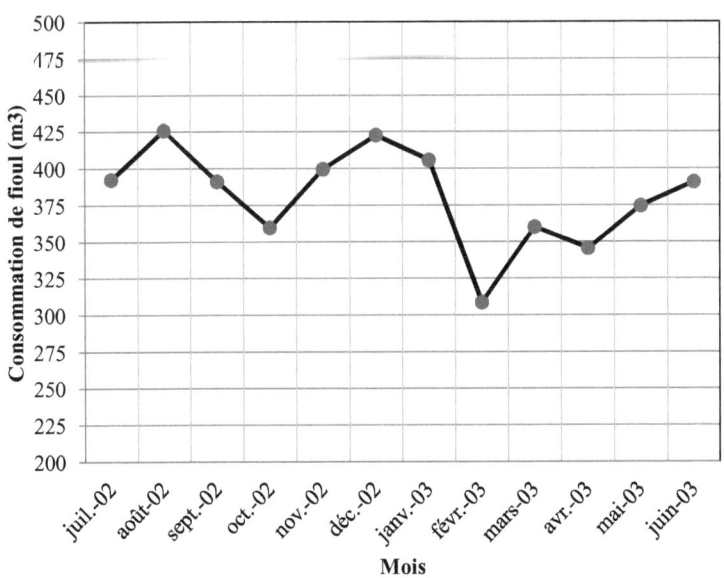

Figure 4.1: Evolution de la consommation de fioul

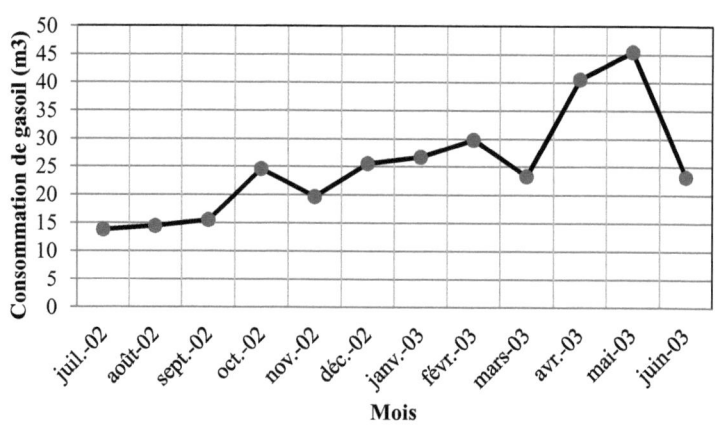

Figure 4.2: Evolution de la consommation de gasoil

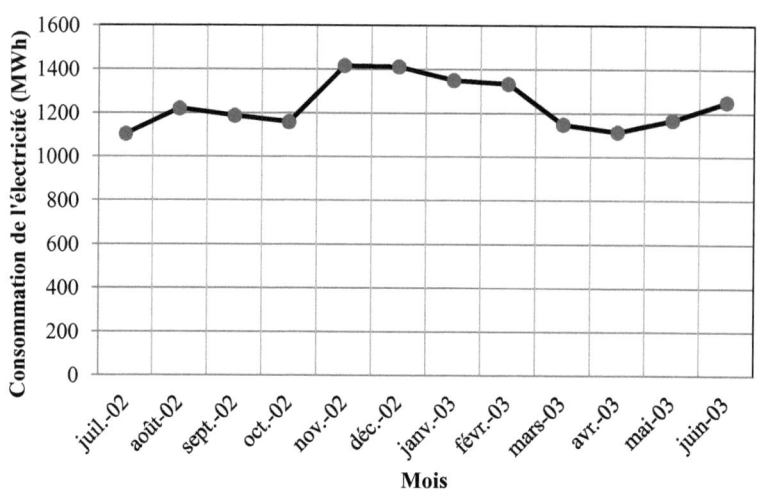

Figure 4.3: Evolution de la consommation d'électricité

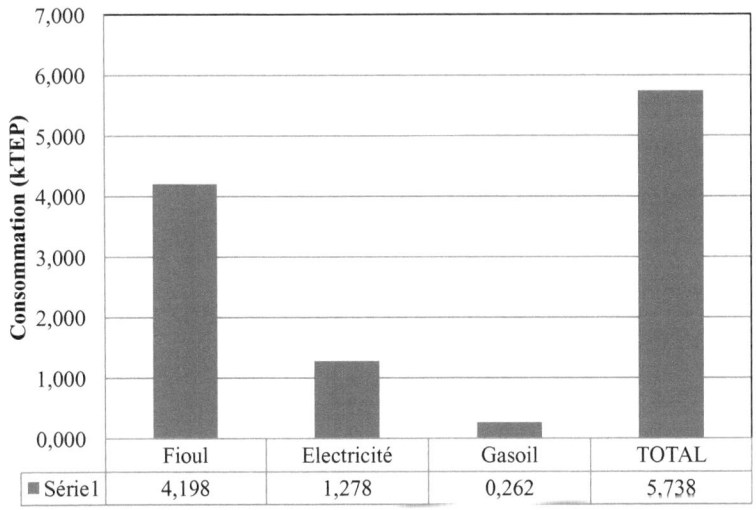

Figure 4.4: Les consommations annuelles d'énergie

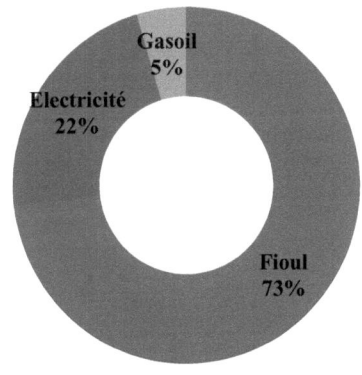

Figure 4.5: Répartition des consommations annuelles d'énergie

4.3 Le bilan économique

Les dépenses annuelles liées à l'énergie s'élèvent à 1 470 403 631 FCFA (Figure 4.6) réparties de la manière suivante : 48% pour le fioul, 48% pour l'électricité et 4% pour le gasoil (Figure 4.7)

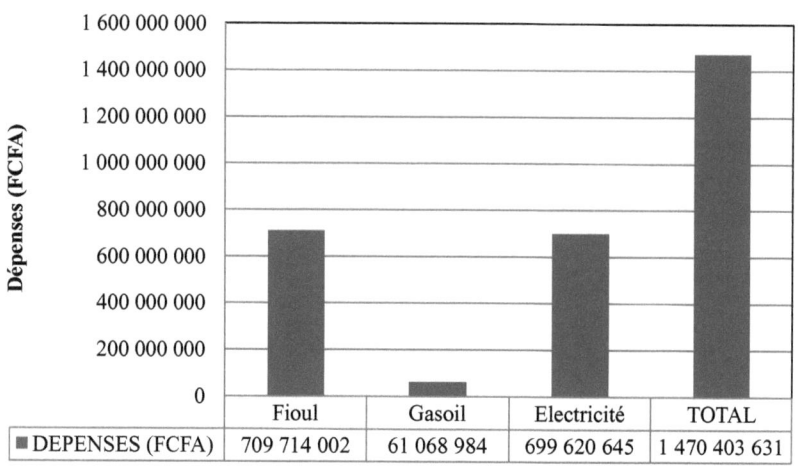

Figure 4.6: Coût total annuel des énergies

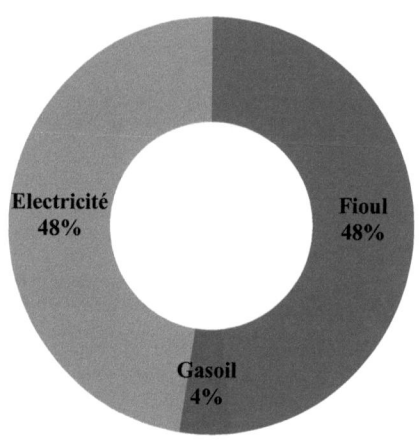

Figure 4.7: Répartition du coût des énergies

4.4 Le bilan de production

La figure 4.8 montre l'évolution de la production pendant l'année de référence. Le volume annuel des produits s'élève à 830 879 hl/an soit une moyenne de

69 234 hl/mois. Décembre est le mois où la production est maximale avec 92 160 hl ; ce pic de production s'explique par les fêtes de fin d'année pendant lesquelles la consommation est très élevée. Pendant cette période, les installations de production sont sollicitées pour fonctionner au maximum de leur capacité.

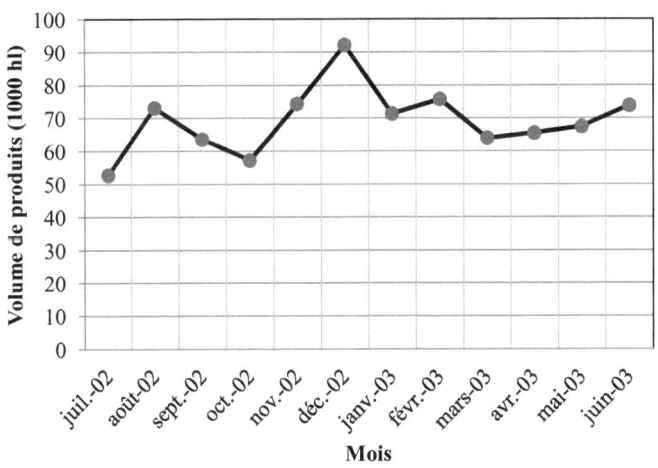

Figure 4.8: Evolution des volumes de produits

4.5 Calcul du ratio de consommation

L'indicateur de performance utilisé ici est le ratio de consommation, qui est le rapport entre la quantité dépensée sur le volume de produit obtenu. En d'autres termes c'est la quantité d'énergie utilisée pour produire un hectolitre de boisson. Le ratio est donné par la relation suivante :

$$R_e = \frac{\sum_i Q_i}{V_p} = \frac{Q_g + Q_f + Q_e}{V_p} \qquad (4.1)$$

Pour le fioul et le gasoil, la quantité d'énergie contenu est donnée par :

$$Q_{f,g,e} = \rho.V.PCI \qquad (4.2)$$

Les valeurs du PCI et de la masse volumique sont données ci-dessous pour le fioul et le gasoil.

	PCI (MJ/kg)	ρ (kg/m^3)
Gasoil	42,60	820
Fioul	40,427	950

L'évolution du ratio de consommation énergétique durant l'année de référence est présentée sur la figure 4.9. Sa valeur moyenne mensuelle est de 293,28 MJ/hl, sa moyenne annuelle 289,23 et une valeur maximale est observée au mois de Juillet (370,77 MJ/hl), période où la production est au plus bas.

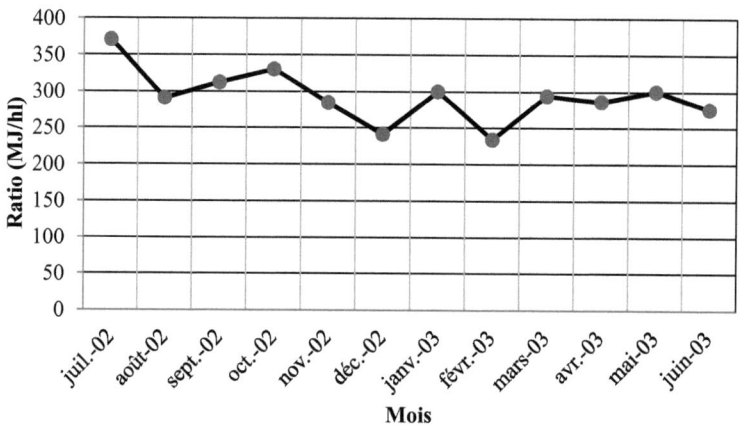

Figure 4.9: Evolution du ratio énergétique

5. ETUDE DE LA FACTURATION ELECTRICIQUE

5.1 Approvisionnement en énergie électrique

La demande en énergie et en particulier en électricité au Cameroun est largement supérieure à l'offre[3]. L'unique compagnie d'électricité, AES-SONEL, assure la production, le transport et la distribution et recourt au rationnement ajoutant aux problèmes d'instabilité déjà observés sur le réseau électrique [4; 5]. Ces raisons expliquent le recourt par les entreprises et les particuliers à l'utilisation des groupes diesel pour combler le déficit[6]. La figure 5.1 est un synoptique de l'installation électrique de l'entreprise. Il est composé de 4 transformateurs, deux groupes électrogènes, deux soustractions A et B et de 4 batteries de condensateurs.

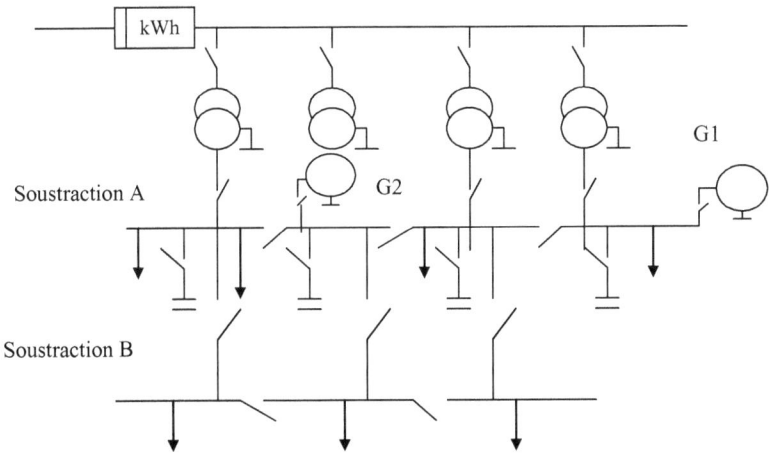

Figure 5.1: Schéma de distribution électrique

L'énergie électrique utilisée dans l'entreprise a deux origines. L'entreprise a signé un contrat avec la société AES-SONEL et dispose pour l'exploitation de quatre transformateurs de puissance 1,25 MVA chacun. Deux groupes électrogènes de puissances 1 MVA et 2 MVA permettent de faire face aux coupures de courants.

5.2 Description du contrat d'abonnement

Le tableau 5.1 présente les éléments du contrat de fourniture d'électricité signé entre l'entreprise et la compagnie privée d'électricité AES-SONEL. La puissance souscrite est de 2,1 MW et le comptage est en moyenne tension, d'où les 4 transformateurs évoqués plus haut. Les différentes tranches de la tarification y sont également indiquées.

Tableau 5.1: Présentation du contrat avec AES-SONEL

	NOM : GUINNESS CAMEROUN S.A.				
N° Référence	19 000 250 401 128	Coefficient de comptage de consommation	1,00		
N° Compteur	B960601	Coefficient IPM	1,00		
Comptage	MT				
Puissance souscrite	2100 kW	Coefficient de pertes actives	0,03		
Condensateur	4 x (3 x 45)	Coefficient de pertes réactives	0,01		
Prime fixe	10 465 FCFA/kW/an	Location compteur	9 600 FCFA		
Tarifs		Tranches			
			1ere	2eme	3eme	4eme
		Heures	200	125	125	Le reste
		FCFA	46,45	42,39	38,41	35,76

5.3 La méthode de facturation AES-SONEL

5.3.1 Les éléments de la facturation

Les éléments de la facturation qui sont pris en compte dans l'élaboration de la facture d'électricité sont les suivants :
- Une taxe proportionnelle par kWh effectivement consommé
- Une majoration pour dépassement de puissance
- Une prime fixe annuelle
- Une majoration pour énergie réactive
- Une majoration pour pertes aux transformateurs (comptage BT)
- Une pénalité pour garantie de consommation non atteinte
- Une location du transformateur et du compteur
- Une taxe applicable sur le montant de la facture globale

5.3.2 Description des éléments de la facturation

La taxe proportionnelle

Elle représente le coût des kWh effectivement consommés c'est-à-dire la facturation de l'énergie active consommée par client. Il existe quatre tranches de tarif suivant le nombre d'heures d'utilisation de la puissance souscrite (Tableau 5.2).

Tableau 5.2 : Les tranches de la facturation

Tranche	Coût (FCFA/kWh)	Puissance (kW)	Coût total par tranche (FCFA)
0 – 200 h	46.5		
201 – 325 h	42.39		
325 – 450 h	38.41		
>450 h	35.76		

La majoration par dépassement de la puissance souscrite

Tout client MT (moyenne tension) doit souscrire une puissance à AES-SONEL qu'on appelle « puissance souscrite ». Si au cours du mois écoulé, il y a eu dépassement de la puissance souscrite, il y a alors une pénalité payée à raison du tiers de la prime fixe par kW dépassé.

La prime fixe

Elle est de 10 465 FCFA/kW de puissance souscrite. Le 1/12 du montant total est payé chaque mois.

La majoration pour énergie réactive

Lorsque le facteur de puissance est en dessous de 0.80, il y a une pénalité pour mauvais cosφ. Le montant de la prime fixe incluant les pénalités pour dépassement de la puissance souscrite et de la taxe proportionnelle est majoré de 1% pour chaque point en dessous de 0.80.
Exemple:
1% pour cosφ = 0.79
2% pour cosφ = 0.78

La majoration pour pertes aux transformateurs

C'est la facturation pour pertes dues au transformateur. Il existe deux types: les pertes à vide et les pertes en charge. Ces pertes ne sont à majorer que si le comptage se fait du côté BT. Les pertes mensuelles sont calculées de la manière suivante:

$$p_{vide} = P_{tr} * 720 * 0.01 \qquad (5.1)$$

$$p_{charge} = C_e * 0.03 \qquad (5.2)$$

Les pénalités pour garantie de puissance non atteinte

La consommation annuelle du client doit atteindre les 1000 heures d'utilisation de la puissance souscrite. Si la consommation annuelle n'atteint pas cette valeur, les kWh garantis mais non consommés sont facturés. A la fin de l'année, le client reçoit une facture représentant la pénalité.

La location

Lorsque le transformateur et le compteur sont les propriétés d'AES-SONEL, la facturation est majorée des frais de location. La location du compteur est de 9 600 FCFA/mois.

La taxe sur la valeur ajoutée (TVA)

La TVA est une taxe que l'on applique sur le montant global de la facture du consommateur. Elle est de 18.7% de la facture globale.

5.3.3 Profil de la consommation

L'analyse du profil de la consommation (Annexes 2 et 3) fait ressortir les points suivants :

- Les dépassements de puissance sont exagérés et induisent un surcoût de la facture d'électricité à deux niveaux :
    - Majoration de dépassement de puissance : 120 256 309 FCFA
    - Effets sur les différentes tranches : 11 427 961 FCFA
- Le facteur de puissance est dans la limite admissible
- Le prix moyen du kWh est de 49.5 FCFA

5.4 Optimisation de la facturation

Une simulation a été réalisée en vue d'évaluer l'impact du dépassement de puissance (Annexe 4). Celle-ci n'a pas tenu compte des pénalités pour garantie de puissance non atteinte car ne figure pas généralement sur les factures mensuelles. Il est évident à partir des résultats du graphe 5.2 que l'entreprise doive envisager un changement de puissance souscrite. Compte tenu de l'évolution du dépassement de puissance dans le temps, il est proposé de passer à 2600 kW ce qui engendre une épargne d'environ 29 825 042 FCFA.

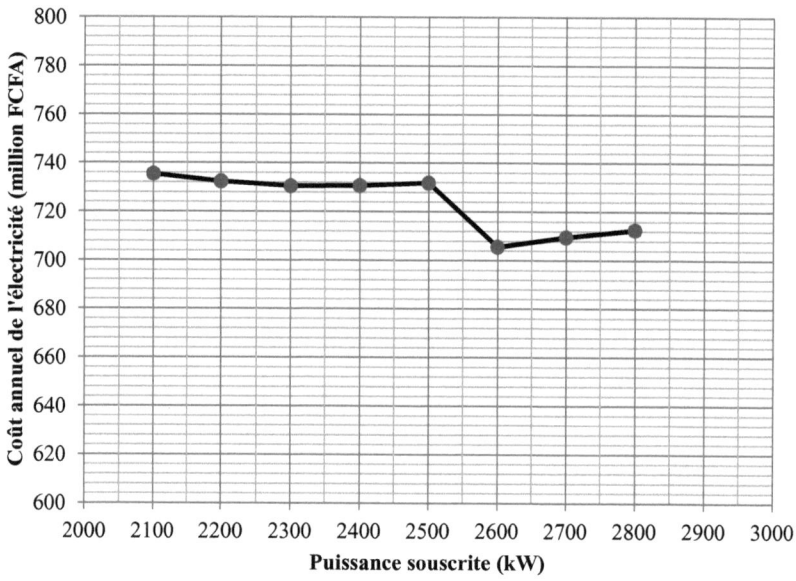

Figure 5.2 : Simulation de l'impact du changement de puissance souscrite

5.5 Amélioration du facteur de puissance

5.5.1 Les batteries de condensateurs

L'usine dispose de 4 batteries de condensateurs de puissance chacune de 3 x 45 kvar. La plaque signalétique donne les indications suivantes :

135 kvar, 380 V, 205 A

Insulation level 50 Hz, Δ connected

Temperature category : -25 / + 50 ° C

BICC Bryce capacities Ltd, England

5.5.2 Evolution du facteur de puissance

L'analyse des factures d'électricité sur trois ans montre une baisse continue et progressive du facteur de puissance (Figure 5.3). Cette baisse de la valeur du facteur de puissance est due à l'acquisition de nouvelles machines notamment le remplacement de l'ancienne chaine 3 par la nouvelle chaine 5. Il est nécessaire de prévoir une correction sinon, il est à craindre des pénalités au cas où on tomberait en dessous de 0.80.

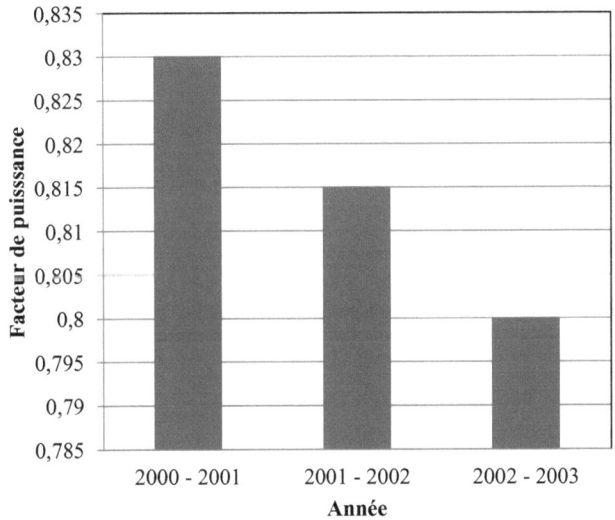

Figure 5.3: Evolution du facteur de puissance

5.5.3 Calcul de la puissance des batteries

L'objectif est de ramener le facteur de puissance à la valeur 0.90. La puissance sera calculée à partir de la relation :

$$Q_r = P_s(tan\varphi - tan\varphi') \qquad (5.3)$$

Pour une puissance de 2600 kW, la capacité totale nécessaire sera 773 kVar, soit une capacité additionnelle de 233 kVar (2 bancs de 3 x 45 kvar en se basant sur la configuration existante).

5.6 Les recommandations

L'analyse de la facturation conduit à deux recommandations :
- Changement du contrat
- Amélioration des batteries de condensateurs

5.7 Conclusion

L'étude la facturation ne fut pas aisée, en raison d'absence d'informations sur le calcul du coût des énergies au Cameroun. Il convient également de noter que les méthodes de facturation étaient régulièrement changées au cours de cette période. Toutefois, l'étude conclut à un changement de puissance souscrite et d'ajustement de batteries de condensateurs.

6. ETUDE DU SYSTEME VAPEUR

6.1 Introduction

La vapeur est très utilisée comme fluide caloporteur dans l'industrie. Elle permet de véhiculer l'énergie thermique issue de la combustion dans la chaudière aux appareils utilisateurs. Cette énergie transportée peut être convertie en énergie mécanique si une machine thermique est impliquée ou directement utilisée sous forme d'énergie calorifique.

La vapeur est produite en brûlant le combustible dans une chaudière ou en récupérant les rejets thermiques au niveau des procédés industriels ou encore en utilisant les capteurs thermiques solaires. Elle peut également être récupérée comme sous produit en aval des turbines utilisées pour la production de l'énergie électrique. Indépendamment de la source, la vapeur doit être distribuée convenablement pour assurer une bonne performance énergétique. Cette vapeur doit être disponible en quantité suffisante, à une pression convenable et au moment adéquat dans de bonnes conditions.

Dans la chaudière, la chaleur apportée par un combustible qui brûle n'est pas totalement récupérée par le fluide que l'on veut chauffer. On perd toujours une partie par différents mécanismes (fumées, imbrulés, parois et purges). De même, les systèmes de distribution de la vapeur et de recyclage des condensats peuvent être le siège de fuites et de pertes thermiques de natures diverses. Ces pertes affectent la performance énergétique des installations thermiques. Un audit du réseau peut donc être nécessaire pour éviter le surcoût occasionné par ces pertes.

6.2 Description du réseau de vapeur

Un réseau de vapeur comprend généralement les éléments suivants:

- Un générateur de vapeur ou chaudière
- Une tuyauterie
- Un système de récupération des condensats
- Des appareils utilisateurs

6.2.1 Les chaudières

L'entreprise dispose de deux chaudières à tubes de fumées alimentées au fioul et fonctionnant en mode bivalent, première et deuxième priorités – la figure 6.1 montre le schéma synoptique de l'installation. La première priorité confère les limites 5-6 bars et la deuxième 4-5 bar. Les caractéristiques techniques données par le fabricant des chaudières sont consignées dans le tableau 6.1. Le fioul subit deux préchauffages, au niveau du deuxième réservoir et dans un échangeur situé proche des appareils. Deux bouteilles de butane servent à amorcer l'allumage.

Tableau 6.1: Plaques signalétiques des chaudières

Chaudière 3		ROBEY OF LINCOLN
	Boiler serial N°	B05809
	Working pressure	100 psig
	Hydraulic test pressure	233 psig
	Date of test	04/04/77
	Burner	SAACKE
Chaudière 4		ROBEY OF LINCOLN
	Boiler serial N°	B65717
	Maximum working pressure	233 psig
	Max continuous rating	30000 lbs/hour
	Hydraulic test pressure	233 psig
	Date of test	01/07/80
	Burner	SAACKE

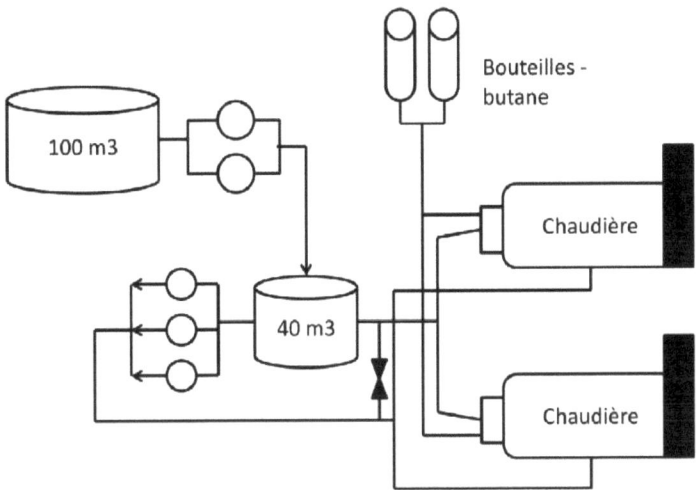

Figure 6.1: Synoptique de l'alimentation en fioul

6.2.2 Le circuit du fluide caloporteur

La chaudière est le lieu où se déroule la combustion du fioul dont la finalité est la production de chaleur qui sera exploitée par l'intermédiaire d'un fluide caloporteur. La conduite de vapeur assure le transport de la vapeur des chaudières vers les points d'utilisation, en traversant un détendeur qui permet de contrôler sa pression. La conduite liquide assure le transport des condensats des points d'utilisation vers la bâche. Le réseau s'étend sur près de 2 km. Le type d'isolant utilisé est de la laine de verre protégée par des feuilles en aluminium. Dans sa circulation, le fluide décrit un cycle fermé. La figure 6.2 montre le circuit du fluide caloporteur. La tuyauterie comporte en autres éléments: les échangeurs, les bâches, les purgeurs et les pompes. Les échangeurs de chaleur sont localisés dans les appareils utilisateurs. Les purgeurs de ligne servent à évacuer les incondensables, c'est-à-dire l'air dans la tuyauterie. Les pompes servent à mettre le fluide en circulation. Les appareils utilisateurs sont multiples et les usages divers. Les principaux appareils utilisateurs sont : les laveuses (bouteilles, casiers), les tanks, la station de nettoyage (CIP), le pasteurisateur, le vaporisateur, la cuve d'empattage, la soutireuse, et les divers échangeurs de chaleur. Les procédés recensés sont: le chauffage (eau, soude, fioul), la stérilisation, la vaporisation et la préparation de la maische.

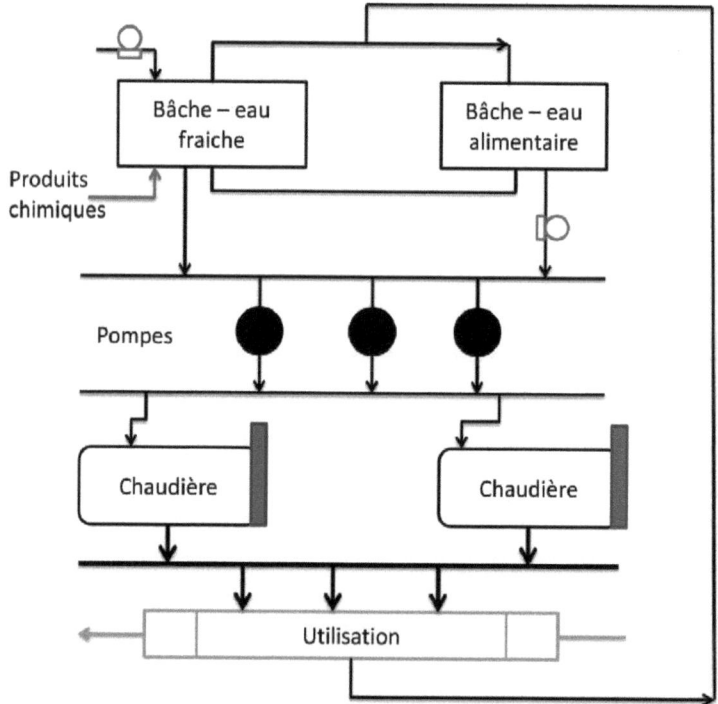

Figure 6.2: Synoptique du réseau de vapeur

Le parcours du fluide caloporteur peut être modélisé dans un diagramme thermodynamique comme le montrent les figures 6.3 et 6.4. $\dot{Q}_1$ est la puissance thermique fournie au fluide à haute pression dans la chaudière et $\dot{Q}_2$, la puissance thermique utilisée dans divers appareils. Le rendement thermique du cycle est donné par la relation :

$$\eta = 1 - \frac{\dot{Q}_2}{\dot{Q}_1} \qquad (6.1)$$

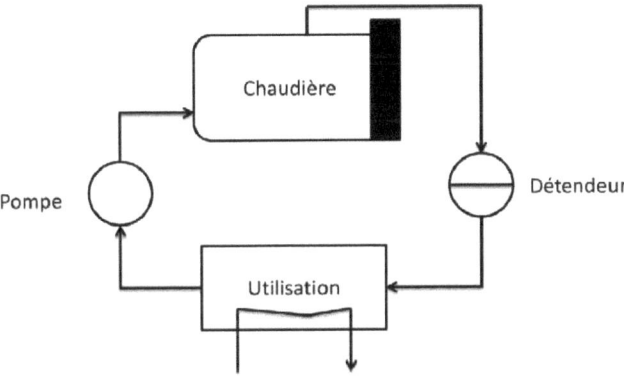

Figure 6.3: Le cycle du fluide caloporteur

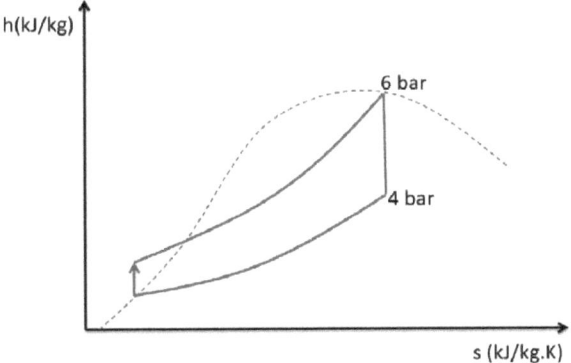

Figure 6.4 : Le diagramme h-s

6.3 Diagnostic du réseau

6.3.1 Les moyens de mesure et de contrôle

Les moyens de mesure et de contrôle utilisés durant l'étude sont consignés dans le tableau 6.2. Pour l'analyse des fumées, on utilise un analyseur digital TESTO 346-2. Cet analyseur est utilisable pour différents combustibles fioul, anthracite ou gaz. On introduit le tube de prélèvement dans la cheminée et après stabilisation, les paramètres de sortie sont affichés (température des fumées, taux d'oxygène, taux de dioxyde de carbone, excès d'air, et le rendement de combustion). Le tableau 6.3 donne les points de fonctionnement des deux chaudières. La comparaison des fiouls 180 et le N° 2 est faite dans le tableau 6.4. Le fioul utilisé est proche du fioul lourd N° 2 de référence dont la composition chimique est les pouvoirs calorifiques sont indiques dans le Tableau 6.5.

Tableau 6.2: Les moyens de mesure et de contrôle

Lieu	Appareils	Rôle
Chaudières	Manomètres	Pression de vapeur en chaudière
	Compteur de fuel	Quantité de fioul
	Compteur horaire	Temps de fonctionnement
	Thermomètre à sonde	Température du fioul
	Manomètres	Pression du fioul
Salle des chaudières	Deux compteurs de vapeur	Mesure les quantités au brassage et chaînes
	Deux enregistreurs graphiques	Température eau alimentation Pression de vapeur au départ
	Deux compteurs d'eau	Quantité d'eau d'alimentation Quantité d'eau d'appoint

Tableau 6.3: Les paramètres de fonctionnement des chaudières

	Caractéristiques	Valeurs
Entrée	Combustible	Fioul 180
	Température de l'eau d'alimentation	60 °C
	Température de l'eau fraiche	30 °C
	Température de l'eau en chaudière	90 °C
	Température de l'air de combustion	34 °C
Sortie	Débit de vapeur	10.22 t/h
	La pression de vapeur	5,5 bar
	Température de vapeur saturée	160 °C
	La température des fumées	260 °C (chaudière 3) 235 °C (chaudière 4)

Tableau 6.4 : Comparaison des spécifications des fiouls 180 et N° 2

Caractéristiques	Unités	Fioul 180 Valeurs Spécifiées		Fioul N°2 Valeurs Spécifiées	
		MINI	MAXI	MINI	MAXI
Masse volumique à 15°C	kg/l		0,9950		0,99
Viscosité cinématique à 50 °C	cst		174,00	>110	
Point d'écoulement	°C		+24		
Teneur en soufre	% pds		4,00		≤4
Teneur en cendres	% pds		0,12		
Point d'éclair PM	°C	66			
Teneur en eau	%Vol		1,00		1,5
Teneur en sédiments	% pds		0,25		
Résidu de Conradson	%mas		15,0		

Tableau 6.5: Composition du fioul N°2

	% C	% H	% S	% O	% N	PCS (MJ/kg)	PCI (MJ/kg)
Fioul N°2	85	11,0	2,5	0,7	0,8	42,896	40,427

6.3.2 L'eau en chaudière

L'eau brute utilisée par la société GCSA est issue de quatre forages. Cette eau est d'abord traitée dans une station destinée à cet effet pour la rendre propice aux usages et conforme aux normes. L'eau d'alimentation des chaudières contient très souvent des impuretés telles que les sels minéraux, les particules en suspension et autres gaz dissous. Ces impuretés par leur nature ou leur concentration peuvent nuire au bon fonctionnement des chaudières. Les phénomènes induits les plus fréquents sont :

- *Les dépôts internes dans les tubes vaporisateurs* (incrustations, entartrages)

  Ce sont les sels minéraux qui sont à l'origine des incrustations. Ils forment une couche thermique isolante qui affecte les échanges de chaleur entre l'eau et les tubes. Le métal s'échauffe d'avantage et se déforme.

- La mauvaise séparation de l'eau et de la vapeur (primage)

  Les particules en suspension favorisent l'entrainement de l'eau dans la vapeur qui perd de ce fait une partie de son pouvoir calorifique. L'eau d'appoint et le fonctionnement en cycle font que ces particules se déposent dans la chaudière et leur concentration augmente avec le temps. Il est donc question de contrôler régulièrement leur évolution au sein de la chaudière.

- Les corrosions internes

  Les gaz dissous dans l'eau d'alimentation de la chaudière, en particulier l'oxygène attaquent à haute température le métal constituant les tubes.

Les paramètres permettant de contrôler la qualité de l'eau en chaudière sont contenus dans le tableau 6.6. La comparaison des spécifications permet de voir que les spécifications utilisées par GCSA sont celles généralement admises. Une vérification a eu lieu au sein du laboratoire de l'usine au cours du mois de Novembre 2003 et a conduit à un mauvais contrôle du TDS. Sur ce constat, recommandation a été faite de purger quatre fois par jour pendant le weekend.

Tableau 6.6 : Consignes à respecter

Paramètres	unité	Consigne	Norme	
Potentiel hydrogène (pH)		11,1 – 12,5		11,5
SO_3	mg/l	30 - 100		-
Total disolved solids ou salinité (TDS)	mg/l	2000 - 3000		< 2500
Titre alcalimétrique simple (TA)	ppm	800 - 1000	TAC_{max} (d °F)	120
Titre alcalimétrique complet (TAC)	ppm	1000 - 1400	TAC_{min} (d °F)	25
La silice (SiO_2)	mg/l	< 150		< 150
Le phosphate (P_2O_5)	mg/l	30 - 100	mg/l de PO4	

6.4 Bilan énergétique de la chaufferie

6.4.1 Le combustible

La chaufferie consomme en moyenne 4 576 653 litres de fioul par an pour un coût annuel de 709 714 002 FCFA, soit 155 FCFA/litre – voir tableau 6.7.

6.4.2 La consommation en énergie électrique de la chaufferie

Des relevés ont été réalisés pour les chaudières pendant 3 mois (07-09/03) afin de suivre les consommations – Annexe 5. La consommation moyenne mensuelle de la chaufferie est de 19 150 kWh soit 229 788 kWh/an. Le coût annuel est 11 374 506 FCFA pour un prix moyen de 49,50 FCFA.

Tableau 6.7: Consommation du combustible pour 2002/2003

Mois	Volume (litres/mois)	Prix unitaire (FCFA)	Total (FCFA/mois)
Juillet/02	392 419	160	62 787 040
Août/02	425 821	160	68 131 360
Septembre/02	391 143	154	60 236 022
Octobre/02	359 714	154	55 395 956
Novembre/02	399 562	154	61 532 548
Décembre/02	422 730	154	65 100 420
Janvier/03	405 710	154	62 479 340
Février/03	308 584	154	47 521 936
Mars/03	360 150	154	55 463 100
Avril/03	345 450	154	53 199 300
Mai/03	374 550	154	57 680 700
Juin/03	390 820	154	60 186 280
TOTAL	4 576 653	-	709 714 002

6.4.3 La production annuelle de vapeur

La quantité de vapeur produite pour le brassage et les chaînes de conditionnement est donnée dans le tableau 6.8. La chaufferie produit en moyenne 5 739 tonnes de vapeur par mois. Une partie de la vapeur produite sert au préchauffage du fioul et à la vaporisation du dioxyde de carbone. Sans moyen de mesure et après discussions avec les techniciens, cette part a été estimée à environ 5%.

Le débit d'eau en chaudière est l'addition des débits de condensats (q_c) et d'eau d'appoint (q_a):

$$q_t = q_c + q_a \qquad (6.2)$$

Le taux de recouvrement des condensats est donné par la relation suivante:

$$R_{ec} = 100(1 - \frac{q_a}{q_t}) \qquad (6.3)$$

Le taux de recouvrement moyen d'après le tableau 6.8 est de 60%, valeur considérée comme faible. Des mesures ont été suggérées et mises en place immédiatement pour élever cette valeur à 84% (Annexe 6).

Tableau 6.8: Productions mensuelles de vapeur

Mois	$M_{Brassage}$ (t)	$M_{Chaînes}$ (t)	q_a (m^3)	R_{ec} (%)
07/02	2098,6	3808,3	3562	56,72
08/02	2339	4207,4	2962	66,39
09/02	2140,6	3661,7	2715	*
10/02	1883,3	2868,3	1731	61,75
11/02	2060	3788,5	3020	47,8
12/02	2392,2	3881,2	3473	58,39
01/03	2279,6	3804,4	3153	49,37
02/03	2070,8	3571,3	2383	57,99
03/03	2026,7	3252,8	1493	67,22
04/03	3026,7	3252,8	1493	67,22
05/03	1899,3	3091,6	1427	59,33
06/03	2159,1	3304,2	1828	17,02*
TOTAL	26375,9	42492,5	29240	

6.4.4 Le butane

Le butane sert au démarrage des chaudières. En effet, une fois le ventilateur mis en marche et la tension établie aux bornes des électrodes, l'injection d'une petite quantité de butane permet de déclencher la flamme. La quantité utilisée est environ 4 bouteilles de 20 kg.

6.5 Analyse et évaluation des gisements d'économie d'énergie
6.5.1 La combustion

La combustion est une réaction chimique entre un combustible composé essentiellement de carbone, d'hydrogène et parfois de soufre et l'oxygène apporté par l'air atmosphérique. C'est une réaction exothermique dont il faut récupérer la plus grande partie de l'énergie calorifique possible. La combustion est neutre ou stœchiométrique lorsqu'elle se déroule sans excès ni défaut d'air. Les fumées contiennent alors les composés suivants : CO_2, H_2O, N_2 et SO_2. Les équations d'une telle combustion sont [7]:

$$C + O_2 + 4N_2 ---> CO_2 + 4N_2$$
$$C + \frac{1}{2}O_2 + 2N_2 ---> CO + 2N_2$$
$$H_2 + \frac{1}{2}O_2 + 2N_2 ---> H_2O + 2N_2$$
$$S + O_2 + 4N_2 ---> SO_2 + 4N_2 \qquad (6.4)$$

Pour une bonne combustion, l'excès d'air doit être réduit au minimum nécessaire. Une combustion réalisée avec un excès d'air conduit à une augmentation des pertes par la chaleur sensible dans la cheminée et favorise la formation d'éléments polluants (SO_3, NO_2). Par contre si la combustion est incomplète par défaut d'air, il y a formation des imbrûlés solides et gazeux qui affectent les échanges thermiques et favorisent les pertes de chaleur sensible par la fumée.

6.5.2 Analyse des fumées

Un contrôle de la combustion est nécessaire au travers des analyses régulières des fumées afin de prendre les mesures qui s'imposent pour maximiser la récupération de chaleur de combustion. L'entreprise dispose à cet effet d'un analyseur qui permet de réaliser des tests et de comparer les résultats aux spécifications du constructeur, lesquelles sont contenues dans le Tableau 6.9.

Tableau 6.9 : Les spécifications du constructeur

Sélection	Température des fumées (°C)	CO_2 (%)	e (%)	O_2 (%)
Haute flamme	220 - 260	13,6	17	3
Basse flamme		11,3	38	6

Les paramètres caractéristiques utilisés dans le contrôle de la combustion sont l'excès d'air (e), la teneur en oxygène (ω), la teneur en dioxyde de carbone (α), et la concentration en dioxyde de carbone des fumées neutres ($α_0$).
Ces paramètres sont reliés par les relations ci-dessous :

$$\omega = 21(1 - \frac{\alpha}{\alpha_0}) \qquad (6.5)$$

$$e = 100(-1 + \frac{\alpha}{\alpha_0}) \qquad (6.6)$$

A partir des relations précédentes, le tableau 6.9 a été établi pour le contrôle de la combustion. Les tests ont été réalisés au cours de l'année 2002/2003 et les résultats sont comparés aux valeurs guides indiquées dans le tableau 6.10.

Tableau 6.10 : Valeurs guides pour différents combustibles

e (%)	O_2 (%)	Teneur en CO_2 (%)			
		Gaz	GPL	Fuels	Charbons
0	0	11,5	14	15,6	18,3
10	1,9	10,5	12,7	14,2	16,6
15	2,7	10	12,2	13,6	15,9
20	3,5	9,6	11,7	13,0	15,2
30	4,8	8,8	10,8	12,0	14
50	7	7,7	9,8	10,4	12,2

L'excès d'air

La figure 6.5 montre que la chaudière 4 est assez bien entretenue, les valeurs de l'excès d'air sont relativement bien encadrées dans les plages prescrites par le constructeur. Le pic observé au mois d'Avril disparaît juste après une séance de maintenance. Il faut également noter que cette chaudière fonctionne en seconde priorité. Un excès d'air très grand ou un déficit engendre la formation d'imbrulés qui plus tard est à l'origine de la baisse de rendement. L'excès d'air doit pouvoir conduire à un taux de CO_2 acceptable (> 12%). La figure 6.6 montre que l'excès d'air est assez bien réglé.

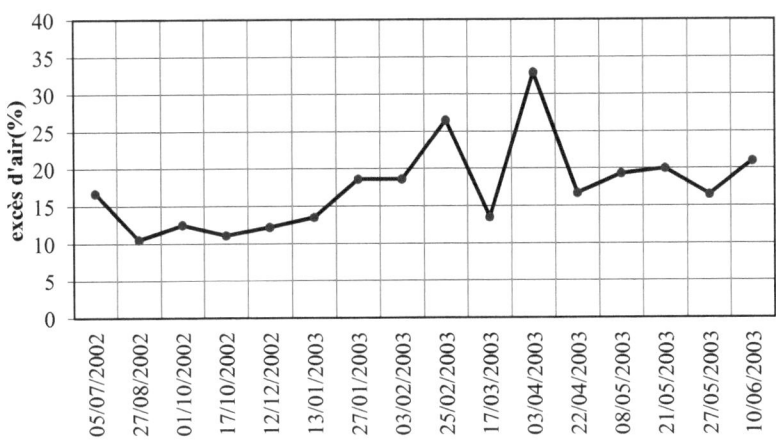

Figure 6.5 : Variation de l'excès d'air/chaudière 4

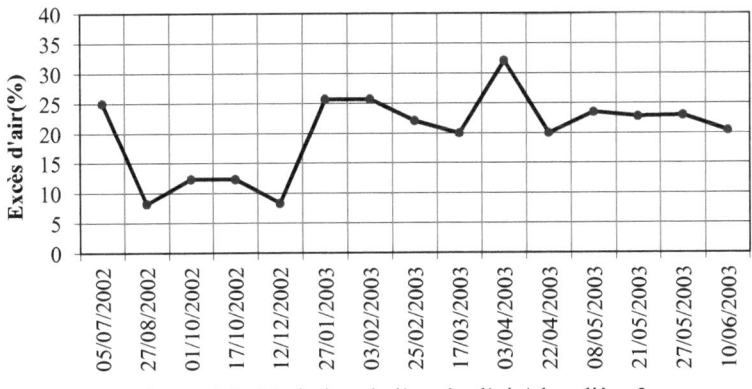

Figure 6.6 : Variation de l'excès d'air/chaudière 3

La température de fumée

La température des fumées doit être maintenue dans la plage 220-260 °C pour les deux chaudières. La chaudière 4 a un bon fonctionnement comme le montre la figure 6.7. L'examen de la figure 6.8 montre qu'au cours d'un mois de fonctionnement, la température de fumée peut augmenter de 20 K et que le ramonage peut faire baisser la température de 40 °C.

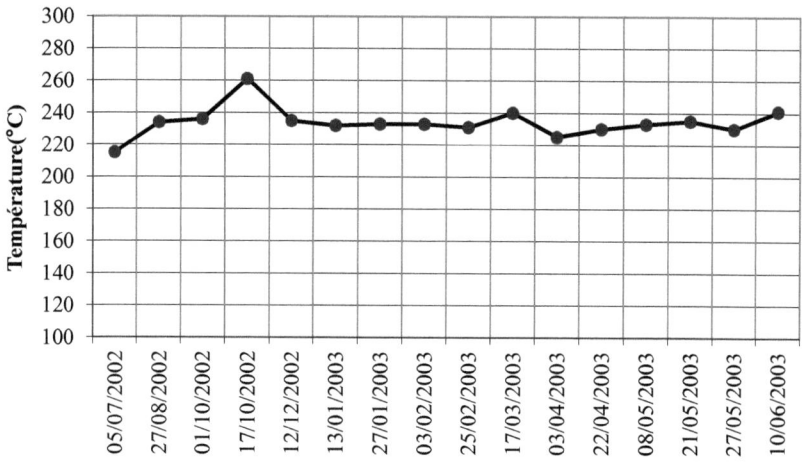

Figure 6.7: Evolution de la température de fumées/chaudière 4

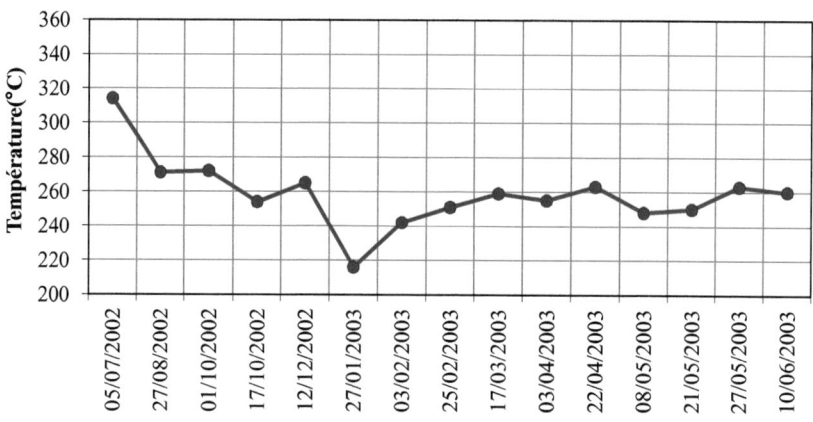

Figure 6.8 : Evolution de la température de fumées/chaudière 3

Le rendement de combustion

Le taux de dioxyde de carbone et la température des fumées sont des paramètres qui déterminent le rendement de combustion d'après la formule de Siegert [2] :

$$\eta_{comb} = 100 - k_s \frac{T_f - T_a}{\%CO_2} \qquad (6.7)$$

Le coefficient k_s est de 0,59 pour les fiouls. L'équation 6.7 montre qu'il faut minimiser la température des fumées pour récupérer le maximum de chaleur lors de la combustion. Le tableau 6.9 montre que le rendement de combustion est plus élevé en basse flamme. Ce qui est normal dans la mesure où la combustion est mieux contrôlée.

Tableau 6.11 : Résultats de l'évaluation des rendements des chaudières

	Rendement de combustion (%)	
	Chaudière 4	Chaudière 3
Haute flamme	84,33	85,34
Basse flamme	89	87,20

Le rendement utile de la chaudière

Le rendement de combustion ne tient pas compte des pertes par les parois, les purges et les pertes au démarrage. Pour avoir le rendement total ou thermique, il faut les soustraire (la méthode des pertes séparées). Le rendement de la chaudière est donné par l'équation :

$$\eta = \eta_{comb} - \eta_{parois} - \eta_{purges} - \eta_{démarrage} \qquad (6.8)$$

Les purges se font de deux façons. Manuellement, les incondensables sont libérés après 8 h d'intervalle. Les purges automatiques ont aussi lieu et sont commandées par un dispositif qui contrôle le taux des incondensables dans l'eau de chaudière. Ces pertes sont estimées pour les deux appareils.

$$\eta_{purges} = 1\% \tag{6.9}$$

Durant l'étude, le démarrage à froid n'a pas été enregistré. Cependant, les démarrages à chaud consécutifs au mode de régulation sont très fréquents. Il y a tout de même des déversements réguliers de combustible à chaque départ. Pour la chaudière 4, un démarrage de 30 secondes par heure induit 0,83% de pertes. Et pour la chaudière 3, deux démarrages de 30 secondes par heure induit 1,66% de pertes.

Pour déterminer les pertes par les parois, il existe plusieurs méthodes. Connaissant, le coefficient global d'échange K on peut utiliser la relation 6.10 ou alors connaissant les pertes par les parois à l'origine et le débit nominal on utilise la relation 6.11.

$$\eta_{parois} = \frac{KS\Delta T}{\dot{m}PCI} \tag{6.10}$$

$$\eta_{parois} = \eta_{parois,nominal} \frac{D_n}{D} \tag{6.11}$$

On peut également utiliser les courbes ABMA. La puissance nominale de chaque appareil étant d'environ 9,5 MW$_{th}$, les pertes par les parois s'élèvent à 0,6%. Compte tenu de l'activité de chaque appareil et du vieillissement des parois, on estime à 2% et 1,5 % pour la chaudière 3 et 4, respectivement.

Rendement moyen annuel

Les rendements moyens individuels se déduisent, 79,67% pour la chaudière 3 et 82,01% pour la 4. Pour avoir le rendement moyen annuel du système couplé, il faut tenir compte du nombre d'heures de fonctionnement annuel de chaque appareil. Le tableau 6.12 donne les heures de fonctionnement pendant trois mois et après extrapolation, on obtient le nombre d'heures total de fonctionnement annuel. Le rendement du système se déduit, 80,16%.

Tableau 6.12: Nombre d'heures de fonctionnement

	07/03	08/03	09/03	Total (3mois)	Total annuel	%
Chaudière 3	499	612	590	1 701	6 804	79
Chaudière 4	240	120	91	451	1 804	21

6.5.3 La température de l'eau d'alimentation

La température de l'eau d'alimentation est d'environ 60 °C or l'usine doit produire de la vapeur à 160 °C pour les différents procédés. D'où l'intérêt d'entreprendre des actions visant à élever la température de l'eau en entrée de la chaudière.

L'optimisation du retour des condensats

Le retour des condensats se fait à 70 °C et l'eau d'appoint est à 30 °C avec un débit de 1,6 m^3/h (09/03). Le débit d'alimentation des chaudières est 10,22 m^3/h, ce qui donne un taux de recouvrement des condensats de 84,3%. En élevant ce taux à 95%, on obtient un gain de 1,1 m^3/h en eau fraîche. Deux actions permettent d'optimiser le retour des condensats:
- L'élimination de fuites d'eau chaude
- La maintenance sur les échangeurs aux appareils utilisateurs

L'ajout d'un économiseur réchauffeur d'eau

L'économiseur aura pour but d'amener l'eau à 90 °C et permettre l'amélioration du rendement de la chaufferie. Le rendement de la chaudière sans économiseur se calcule ainsi :

$$\eta = \frac{m_e \Delta h}{m_f PCI} \qquad (6.13)$$

Le rendement de la chaudière avec économiseur sera évalué avec la relation 6.14.

$$\eta' = \frac{m_e \Delta h}{m_f PCI - m'_f PCI} = \frac{m_e \Delta h}{m_f PCI - \frac{Q_0}{\eta}} \qquad (6.14)$$

La puissance thermique apportée par l'économiseur est :

$$Q_0 = m_e c_e \Delta T = \eta . m'_f PCI \qquad (6.15)$$

L'amélioration sur le rendement sera déduite des relations précédentes.

$$\Delta \eta = \eta \frac{m'_f}{m_f - m'_f} \qquad (6.16)$$

$q_{v,e} = 10{,}22 \dfrac{m^3}{h}$

$q_{v,f} = 530 \dfrac{l}{h}$

$c_e = 4{,}2 \dfrac{kJ}{kg}.K$

$\Delta T = 20\ K$

Lé débit de fioul économisé serait de 26,5 kg/h (27,95 l/h), soit sur une année 224 647 litres (avec 30 jours de maintenance) pour un coût de 34 820 325 FCFA. Le rendement global annuel de la chaufferie sera amélioré de 4,22%. Le tableau 6.13 résume les économies possibles, on économiserait alors près de 5% de fioul. Le coût d'installation d'un économiseur estimé à environ 75 000 000 FCFA, et pour deux, le temps brut de retour des investissements sera de 52 mois.

Tableau 6.13 : Economies réalisables suite à l'ajout d'un réchauffeur

	Quantité		Coût annuel (FCFA)	Fraction Annuelle (%)
	kg/h	l/an		
Fioul	26,5	224 647	34 820 325	4,90%
TOTAL	9 081 804 MJ		34 820 325 FCFA	

6.5.4 La tuyauterie

Le transport de la vapeur et des condensats se fait par des conduites en acier isolées à l'aide de la laine de verre. Toutefois, il existe de nombreuses zones où on dénote des pertes de chaleur. Ces pertes sont de plusieurs types : isolation dégradée, absence d'isolation, fuites de vapeur, et fuites de condensats.

Isolation

Sur une conduite non isolée ou dégradée l'énergie calorifique perdue est évaluée à l'aide de la relation 6.17.

$$\dot{Q} = hS\Delta T \qquad (6.17)$$

Le coefficient d'échange convectif est évalué par la relation 6.18.

$$h = 1,3 \left(\frac{\Delta T}{D}\right)^{0,25} \qquad (6.18)$$

Condensats : ΔT = 31 K, h = 5 W/m².K (DN200)

Vapeur : ΔT = 121K, h = 7 W/m².K (DN200)

Le débit de fioul perdu se calcule à l'aide de la relation 6.19.

$$q_{v,f} = \frac{Q_p}{\eta.\rho_f.PCI} \qquad (6.19)$$

Les tableaux 6.14 et 6.15 donnent l'évaluation des chaleurs perdues par les tuyauteries de condensats non isolées et les économies réalisables en cas d'isolation. Le coût du m² d'isolation est estimé à environ 70 000 FCFA/m². L'isolation totale des tuyauteries de condensats coûtera donc 525 000 FCFA et le temps brut de retour sera 28 mois.

Tableau 6.14 : Chaleur perdue récupérable sur les conduites de condensats

Zones	Surface (m²)	Pertes (kW)
Salle chaudière	3,5	0,714
Chaîne 4	3	0,571
TOTAL	7,5	1,28

Tableau 6.15: Economies réalisables sur les conduites de condensats

	Quantité		Coût annuel (FCFA)	Fraction annuelle (%)
	l/h	l/an		
Fioul	0,15	1 186	183 748	0,026
TOTAL	45 550 MJ		183 748 FCFA	

Les tuyauteries de vapeur non isolées ont été examinées. Le tableau 6.16 donne une estimation des pertes et le tableau 6.17, les économies réalisables en cas de bonne isolation. L'isolation totale des conduits coûtera 1 358 000 FCFA pour un temps brut de retour de 7 mois.

Tableau 6.16 : Puissances thermiques perdues sur la tuyauterie de vapeur

Zone	Surface (m^2)	Pertes (kW)
Process	1,1	0,924
Scada	1	0,84
Salle machine	3,5	2,94
Chaîne 5	3,8	3,192
Chaîne 4	10	8,4
TOTAL	19,4	16,36

Tableau 6.17: Les économies possibles sur les conduits de vapeur

	Quantité		Coût annuel (FCFA)	Fraction annuelle (%)
	l/h	l/an		
Fioul	1,91	15 127	2 344 716	0,33
TOTAL	580 962 MJ		2 344 716 FCFA	

Les fuites

L'écart de température entre la température des condensats et la température humide est de 26 K et les pertes de chaleur par les fuites d'eau chaude sont évaluées par la relation 6.20.

$$\dot{Q} = \dot{m}_{fu} c_e \Delta T \qquad (6.20)$$

Les tableaux 6.18 et 6.19 donnent les pertes de chaleur et les économies réalisables sur les conduites de condensats. Pour éliminer les fuites, il faut remplacer les robinets. Le coût d'installation du nouveau robinet est estimé à 300 000 FCFA et le temps brut de retour sur investissement est de 8 mois.

Tableau 6.18: Les pertes d'eau chaude sur les conduits de condensats

Zone	$q_{v,e}$ (l/s)	Q (kW)
Salle chaudière	0,03	3,276
TOTAL	0,03	3,276

Tableau 6.19: Economies minimales réalisables sur les fuites d'eau chaude

	$q_{v,f}$		Coût annuel (FCFA)	Fraction annuelle (%)
	l/h	l/an		
Fioul	0,38	3 034	470 350	0,07
TOTAL	116 522 MJ		470 350 FCFA	

Les conduites de vapeur présentent également des fuites. Pour évaluer la quantité de chaleur emportée par les fuites, une valeur guide a été utilisée : *à 10 bars, une fuite de 1 mm² entraîne une perte de 0,7 kg de fioul par heure*. La pression de service est de 5 bar et les pertes de charge (singulières, linéaires); ce qui conduit à une correction et la valeur adoptée est 0,25 *kg/h.mm²*. Les fuites ont été classées en trois catégories - voir Tableau 6.20. Le coût des fuites de vapeur est présenté dans le tableau 6.21. Ces pertes ont davantage lieu au niveau des robinets. Le coût moyen de remplacement d'un robinet est estimé à 1 100 000 FCFA et pour supprimer tous les robinets défaillants un investissement de 15 400 000 FCFA serait nécessaire pour un temps brut de retour de 33 mois.

Tableau 6.20: Evaluation des fuites de vapeur

Zone	Taille	Nombre	Perte unit. (l/h)	Pertes en fuel (l/h)
Scada	P	2	0,26	0,52
	M	2	0,39	0,78
Process	P	3	0,26	0,78
	M	2	0,39	0,78
Chaîne 4	P	1	0,26	0,26
	M	1	0,39	0,39
	G	1	0,52	0,52
Salle chaudière	P	2	0,26	0,52
TOTAL		14		4,55

*(P : petite, M : Moyenne, G : grande)

Tableau 6.21: Coût annuel des fuites de vapeur

	Quantité		Coût annuel (FCFA)	Fraction annuelle (%)
	l/h	l/an		
Fioul (l)	4,55	36 036	5 585 580	0,79
TOTAL	1 107 189 MJ		5 585 580 FCFA	

Il peut subsister de nombreuses fuites au niveau des appareils utilisateurs, mais pas facile à quantifier du fait de l'arrêt quasi-impossible des procédés. Ces fuites sont parfois occasionnées par la corrosion des tubes. Deux machines méritent une attention particulière : le pasteurisateur et la laveuse de bouteilles de la chaîne 4 où des fuites de vapeur sont constatées.

L'apport de la maintenance est également à évaluer. La figure 6.8 montre que la température des fumées peut augmenter de 20 °C après un mois. Les tests montrent que le nettoyage des tubes peut faire chuter la température de 60 °C. Ce qui a pour effet un gain sur le rendement de 2,4 points. La formule de Siegert montre qu'en maintenant la température des fumées entre 230 et 240 °C, un gain d'un point sur le rendement est possible. Les économies théoriquement réalisables sont contenues dans le tableau 6.22. Le maintien des chaudières en bon état, nécessite simplement un plan rigoureux de nettoyage des tubes et accessoires. La quantité de fioul économisée par amélioration de rendement peut être évaluée à l'aide de la relation 6.21 et cette quantité s'élève à 56 293 l/an (soit 8 725 415 FCFA).

$$\Delta q_{v,f} = q_{v,f}(1 - \frac{\eta}{\hat{\eta}}) \qquad (6.21)$$

Tableau 6.22 : Economies réalisables par les mesures de maintenance

	Quantité		Coût annuel (FCFA)	Fraction annuelle (%)
	l/h	l/an		
Fioul		56 293	8 725 415	1,23
TOTAL	2 161 970 MJ		8 725 415 FCFA	

6.6 Résumé des mesures et économies réalisables sur le réseau de vapeur

L'ensemble des mesures préconisées sont regroupées dans le tableau 6.23, et divisées en trois groupes qui visent à améliorer la maintenance, le contrôle et l'efficacité de la chaufferie. La mise en place de ces mesures pourrait générer des économies, et sont classées avec leur ordre de priorité dans le tableau 6.24.

Tableau 6.23 : Les mesures préconisées

N°	Objet	Recommandations
		I- maintenance
1	Fumées	Ramoner les tubes une fois par semaine
2	Utilisation	Nettoyer les échangeurs aux utilisateurs une fois par semaine
3	Personnel d'entretien	Optimiser l'effectif des techniciens
		II- contrôle
4	Compteurs de vapeur	Installer des compteurs aux points utilisateurs
5	Thermomètres	Réhabiliter les thermomètres sur les cheminées
6	Analyses des fumées	Effectuer les analyses plus rigoureusement une fois par semaine
7	Test des imbrûlés	Se doter d'un opacimètre
		III-efficacité
8	Isolation	Isoler toutes les surfaces nues ou à isolation dégradée
9	Fuites	Eliminer toute fuite de vapeur ou d'eau dès apparition
10	Utilisation	Supprimer les fuites dans les échangeurs
11	Economiseur	Installer un réchauffeur d'eau sur chaque chaudière

Tableau 6.24 : Economies réalisables sur le réseau de vapeur

Mesures	Economie annuelle		Inv. (FCFA)	TRB (mois)	ODP
	MJ	FCFA			
Isolation les conduites de condensats	45 550	183 748	525 000	28	3
Isolation des conduites de vapeur	580 962	2 575 837	1 358 000	7	2
Elimination des fuites d'eau pour optimisation	116 522	470 350	300 000	8	2
Elimination des fuites de vapeur	1 107 189	5 585 580	15 400 000	33	3
Etablir un meilleur plan de maintenance	2 161 970	8 725 415	0	Imm.	1
Installer un réchauffeur	9 081 804	34 820 325	150 000 000	52	3

6.7 Conclusion

Cette étude est une approche de diagnostic énergétique du réseau de vapeur. Pour déterminer le rendement des chaudières, la méthode des pertes séparées a été privilégiée et un rendement moyen annuel de 80,16% a été obtenu. Il faudra mettre en place les mesures recommandées pour améliorer ce rendement. Des mesures régulières sur plusieurs semaines auraient certainement permis de déceler d'autres anomalies. De même la méthode de détermination directe du rendement était souhaitable car la première méthode occulte bien souvent des réalités. L'ajout de l'économiseur préconisé est certes important, mais nécessite des études préalables. Le recrutement et la formation de personnels pour l'entretien de la chaufferie sont nécessaires eu égard aux pertes occasionnées par l'absence de maintenance assidue.

7. ETUDE DE L'AIR COMPRIME

7.1 Introduction

L'air comprimé est un fluide important pour le transport de l'énergie. Dans le domaine des mines et des travaux de construction, il sert dans les outillages portatifs divers. Très utilisé dans l'industrie pour diverses applications, notamment dans les commandes pneumatiques de systèmes (vannes). Dans les mines et les travaux publics pour l'alimentation des outillages portatifs, l'industrie pour les manœuvres de fermeture et d'ouverture des vannes, le transport pneumatique et la commande des organes de freinage.

Une centrale d'air comprimé est composée d'un nombre minimal d'éléments.

Le compresseur : son rôle est d'aspirer l'air à la température ambiante, d'augmenter sa pression et de le refouler vers le réservoir de stockage. On distingue plusieurs groupes de compresseurs dont les compresseurs volumétriques et les compresseurs centrifuges.

Le séparateur d'eau : c'est un dispositif qui permet de déshumidifier l'air par condensation provoquée grâce à une circulation d'eau froide.

Le réservoir : c'est un élément essentiel. Placé sur le refoulement du compresseur, il joue plusieurs rôles : amortir les pulsations dans la canalisation de refoulement des compresseurs à pistons, éviter les chutes brutales de pression lors des pointes instantanées de consommation sur le réseau (buffer), fournir un complément de refroidissement de l'air comprimé et de l'huile et de condensation de la vapeur d'eau, et enfin faciliter le réglage des limites maximales de la pression de refoulement et limiter à une valeur admissible la fréquence des remises en compression et des démarrages du moteur.

Le sécheur : Bien qu'il y ait un séparateur d'eau, la présence d'un sécheur d'air est nécessaire pour déshydrater davantage et éviter qu'un refroidissement ne provoque une condensation de la vapeur d'eau contenue dans l'air.

L'air comprimé présente plusieurs avantages. Notamment l'alimentation des appareils au fonctionnement simple et surtout ne présente aucun danger. L'autre avantage est sa souplesse d'utilisation qui permet d'alimenter à partir du même réservoir plusieurs appareillages. Cependant, son inconvénient réside dans son coût élevé dû généralement au mauvais rendement des appareillages, aux pertes de charge lors du transport et aux fuites.

L'air comprimé présente des avantages dont l'alimentation des appareils au fonctionnement simple et surtout ne présente aucun danger. L'autre avantage est sa souplesse d'utilisation qui permet d'utiliser à partir du même réservoir plusieurs appareillages. Cependant, son inconvénient réside dans sont cout élevé qui peut s'expliquer suivant le cas par les raisons suivantes : faible rendement des appareillages, pertes de charge du réseau de transport et les fuites.

7.2 Les unités de production

Une installation d'air comprimé comporte généralement un poste producteur ou unité de production, la tuyauterie de transport et les appareils utilisateurs.

La production pour cette usine est assurée par deux unités. La première unité alimente la quasi-totalité de l'usine. La figure 7.1 est une illustration de l'installation. On y retrouve 2 compresseurs à pistons à deux étages de compression entraînés par des moteurs de 90 kW et dont les caractéristiques techniques sont dans le Tableau 7.1, deux séparateurs d'eau, trois réservoirs et un sécheur (Tableau 7.2).

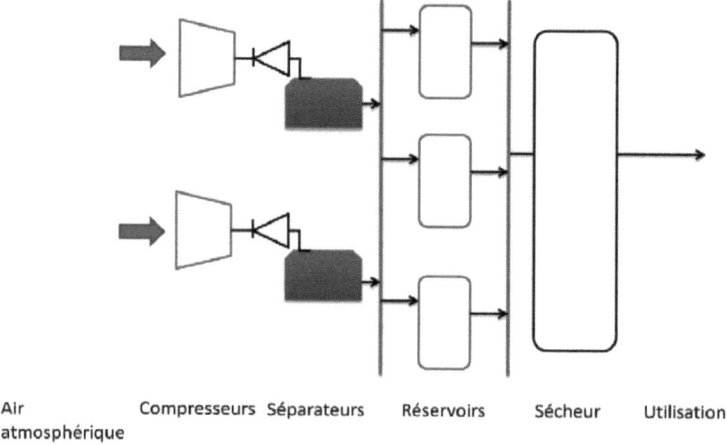

Air atmosphérique — Compresseurs — Séparateurs — Réservoirs — Sécheur — Utilisation

Figure 7.1 : Plan d'installation de la première unité de production

Tableau 7.1 : Caractéristiques des compresseurs

Paramètres	Compresseur N° 7	Compresseur N° 8
Date d'installation	01/06/1986	01/01/1990
Marque	Compair broom wade	Compair broom wade
Type	VMD 500A	VMD 500B
Pression max (bar)	10,5	7
Vitesse (tr/mn)	735	735
Capacité (cfm)	555	555
Puissance du moteur (kW)	90	90

Tableau 7.2 : Caractéristiques du sécheur

	TMS AIR DRYER
Fabricant	MCIB/Malle/BELGIUM
Type TMS	550
Option	06
Réfrigérant	R134a
	P_{max} high: 18 bar/ P_{max} low : 5 bar
Masse	10 kg
Tension	380-400 V, 3 ph, 50 Hz
Compression	P_{max} : 13 bars/ T_{max} : 55°C

La seconde unité dont le synoptique est présenté à la figure 7.2 est placée au SCADA et sert à l'évacuation du drèche issu de la filtration du maische vers les silos. Elle est constituée d'une unité compacte et d'un réservoir. Son activité est très négligeable par rapport à celle de la première unité. Ses caractéristiques sont consignées dans le tableau 7.3.

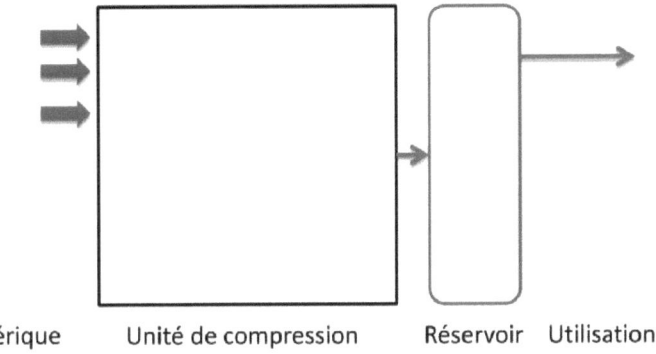

Air atmosphérique   Unité de compression   Réservoir   Utilisation

Figure 7.2 : Synoptique de la seconde unité de production

Tableau 7.3 : Caractéristiques du compresseur N° 9

Paramètres	Compresseur N° 9
Date d'installation	1997
Marque	Atlas Corpos
Type	GA 90
Pression max (bars)	7.5
Vitesse (tr/mn)	1780
Puissance (kW)	90

7.3 Le transport de l'air comprimé

Le transport de l'air est assuré par des canalisations. La canalisation principale est en acier et les piquages en acier inoxydable. Les appareillages sont connectés par l'intermédiaire des tubes flexibles.

7.4 L'utilisation de l'air comprimé

L'air comprimé est utilisé pratiquement dans tous les procédés : aération de la bière, aération de la levure, commande des vannes et valves et vérins. La pression à l'arrivée est souvent fixée à 6 bar alors que celle des points d'utilisation varie suivant les appareils (3,5 à 6 bar). Un détendeur placé au point d'utilisation ou au niveau des manifolds permet de baisser la pression à la valeur voulue.

7.5 Le diagnostic des installations
7.5.1 L'air ambiant

Des mesures ont été effectuées sur le site à l'aide d'un thermomètre à bulbe. Le mode opératoire est le suivant. Le thermomètre sec indique la température sèche puis on recouvre son extrémité inférieure avec une chaussette en coton mouillée puis on l'agite pour obtenir la température humide. Le diagramme psychrométrique (Figure 7.3) permet d'obtenir par la suite les humidités relatives et absolues correspondantes. Les résultats des mesures sont consignés dans le tableau 7.4 où on remarque que l'air sur le site (Douala – ndokoti) est relativement chaud et humide avec comme température moyenne 34°C et une humidité relative moyenne de 65%.

Tableau 7.4 : Relevé des propriétés de l'air

Paramètres	Dates (10-11/2003)			
	26/10	12/11	15/11	19/11
Température sèche (°C)	34	34	38	39
Température humide (°C)	28	28	31	29
Humidité relative (%)	63	63	65	83
x (g/kgas)	21	21	19	24

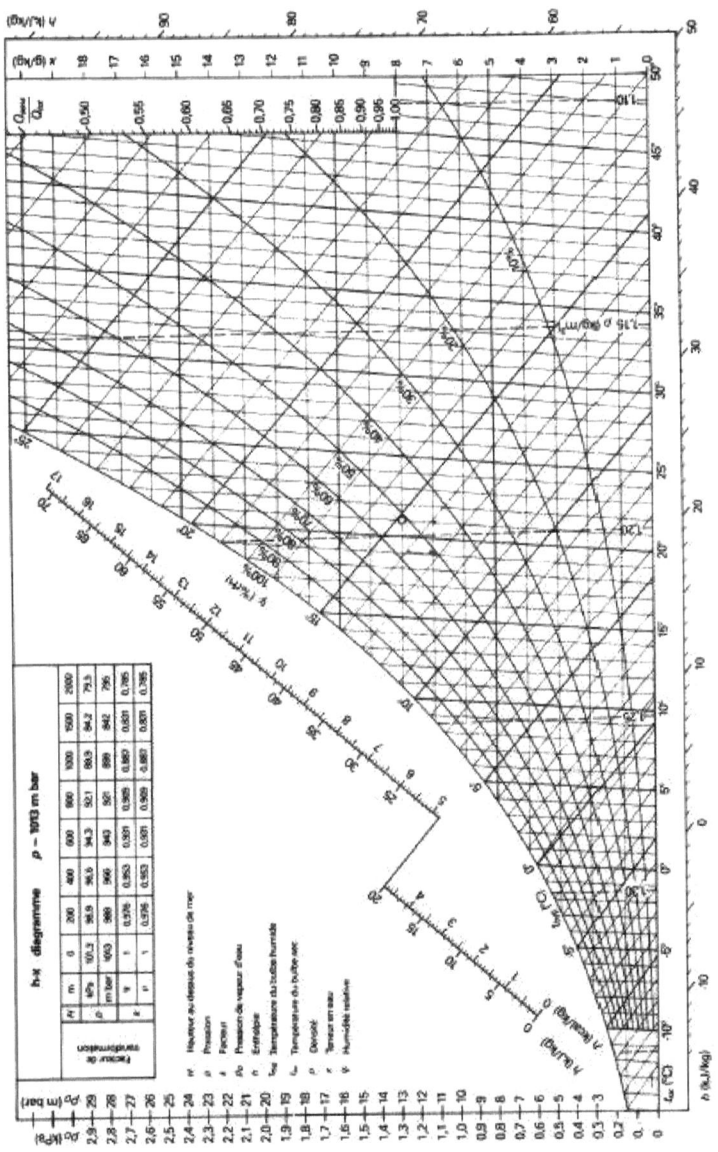

Figure 7.3 : Le diagramme de l'air humide (AFPA, 2002)

7.5.2 Les paramètres de la compression

Les tableaux de contrôle des compresseurs de la première unité ont été observés pendant plusieurs jours. Les tableaux 7.5-7.7 donnent les valeurs des paramètres relevés :

Aspiration : p_1, T_1 Pression d'huile : p_3
Refoulement : p_2, T_2 Température de refroidissement : T_3

Tableau 7.5 : Paramètres - compresseur N° 7

Paramètres	Dates (07-15/11/2003)				
	7	8	9	11	15
P_1 (bar)	2,1	1,5	2,2	2,2	2,2
T_1 (°C)	150	140	135	115	138
P_2 (bar)	8.3	8,5	8	8,5	8
T_2 (°C)	162	155	150	125	150
P_3 (bar)	1,5	1,5	1,5	1,7	1,6
T_3 (°C)	45	40	40	39	40

Tableau 7.6 : Paramètres - compresseur N° 8

Paramètres	Dates (07-15/11/2003)				
	07	08	09	11	15
P_1 (bar)	2.5	2,5	2,5	2,6	2,5
T_1 (°C)	170	165	160	160	170
P_2 (bar)	-	-	-	-	-
T_2 (°C)	175	175	170	175	170
P_3 (bar)	1.5	1,5	1,7	1,7	1,5
T_3 (°C)	50	50	45	40	45

Tableau 7.7 : Paramètres de compression

	Paramètres	N° 7	N° 8
Refroidissement	Température (°C)	40	45
Huile de lubrification	Pression (bar)	1,5	1,6
Premier étage	Pression (bar)	2,1	2,5
	Température (°C)	140	165
Deuxième étage	Pression (bar)	8,5	(-)
	Température (°C)	175	175
Atmosphère	Pression (bar)	1,013	1,013
	Température (°C)	34	34

7.5.3 La pression de service

Dans la première unité, l'air après avoir été comprimé est stocké dans le réservoir à 8 bar. Dans la canalisation de départ, la pression est autour de 6,5 bar. La pression ne doit pas dépasser la pression limite de 7 bar. La Figure 7.4 présente une évolution type enregistrée le 12/11/2003.

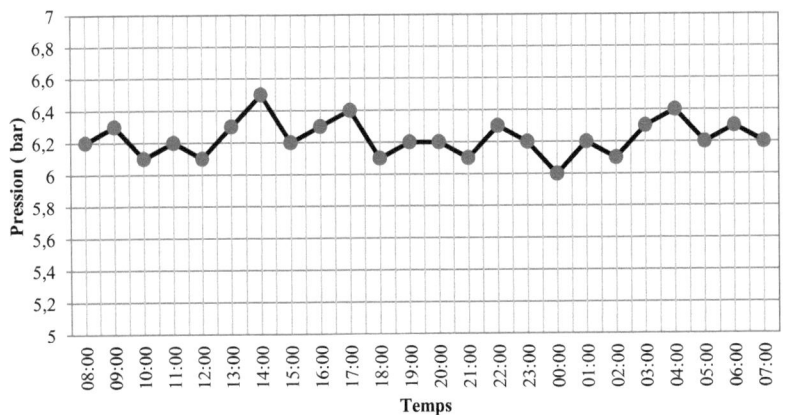

Figure 7.4 : Évolution de la pression de service

La deuxième unité est destinée à produire de l'air uniquement pour l'évacuation du drèche. Lorsque le compresseur est en fonctionnement, la pression varie entre deux limites : 4,5 - 7 bar. La pression à l'utilisation est alors maintenue à 5 bar.

7.6 Le Bilan énergétique
7.6.1 La production annuelle

Deux compteurs étaient disponibles, le compteur du compresseur N° 9 et le compteur packaging (qui regroupe les chaines 4 et 5 et la BBT). Le tableau 7.8 présente les productions journalières pour une semaine. N'y figurent pas les quantités d'air destinées au brassage. Pour évaluer la quantité d'air totale, un coefficient d'activité a été défini (Tableau 7.9) pour les installations utilisatrices d'air. La quantité d'air destinée au brassage après discussion avec les techniciens est estimée à 15% de la production totale de la première unité. La quantité d'air produite en une semaine par la première unité sans tenir compte de la zone de brassage est 10 044 m^3N et celle de la seconde unité 62 m^3N. La production annuelle serait donc approximativement de 12 771 226 m^3 (1 m^3N = 22,4 m^3), en considérant quatre semaines de maintenance.

Tableau 7.8: Production d'air comprimé pour la période 30/10 - 05/11/03

Volume (m^3N)	30	31	01	02	03	04	05
Chaînes 4, 5 & BBT	1 198	738	755	845	2 000	2 286	2 222
Unité N° 2	11	15	9	6	11	2	8

Tableau 7.9 : Coefficients affectés aux activités

Machines	Coef.
Dépalettiseur	3
Décaisseuse	3
Soutireuse	3
Filtre à maische	3
Etiqueteuse	2
Palettiseur	3
Encaisseur	3
Installation petite taille	1
Installation de taille moyenne	2
Installation de grande taille	3

7.6.2 La consommation annuelle en énergie électrique des appareils de compression

Le suivi des consommations pendant le mois d'octobre 2003 à l'aide des compteurs disponibles sur les branchements des compresseurs, a permis d'établir le tableau 7.10 qui donne une consommation énergétique mensuelle de 146 626 kWh/mois.

Tableau 7.10 : Consommation en énergie électrique des unités de production d'air (10/2003)

	Energie électrique (kWh)				
	Sem. 1	Sem. 2	Sem. 3	Sem. 4	Sem. 5
N° 7	10 237	14 279	14 752	14 241	10 811
N° 8	13 550	10 080	16 500	17 750	13 080
N°9	872	1 442	2 458	3 891	2 683
Total	24 659	25 801	33 710	35 882	26 574

Dans ce tableau ne figure pas la consommation électrique du sécheur, celui-ci ne disposant pas de comptage propre. L'analyseur d'énergie électrique de l'usine (OPTIVAR 3) étant en panne, le courant par phase a été mesuré à l'alimentation du sécheur grâce à une pince ampérométrique (I1=12,1A / I$_2$=11,1A / I$_3$=11,6A). En supposant un facteur de puissance de 0,80 et son temps de fonctionnement estimé à 18h/jour, la consommation électrique du sécheur (C$_{sech}$) sera évaluée par les équations 7.1 et 7.2.

$$P_{sech} = \sqrt{3}UIcos\varphi \qquad (7.1)$$
$$C_{sech} = P_{sech}.t_{ps} \qquad (7.2)$$

La consommation du sécheur est donc de 41 859 kWh/an. La consommation totale du système de production d'air s'élève à 1 801 371 kWh/an.

7.7 Le coût de l'air

La consommation annuelle des unités de production d'air comprimé représente 12,12% de la consommation en énergie électrique de la totalité de l'usine. La proportion de dépense due à l'air renvoie à un coût de 89 131 665 FCFA/an. En y ajoutant les coûts de maintenance (estimée à 10%), on a 99 035 182 FCFA soit 7,75 FCFA/m^3.

7.8 Examen et évaluation des gisements d'économie d'énergie
7.8.1 Le rendement des compresseurs

Les compresseurs étant à deux étages, les transformations subies par l'air sont représentées sur le diagramme P-V (Figure 7.2).

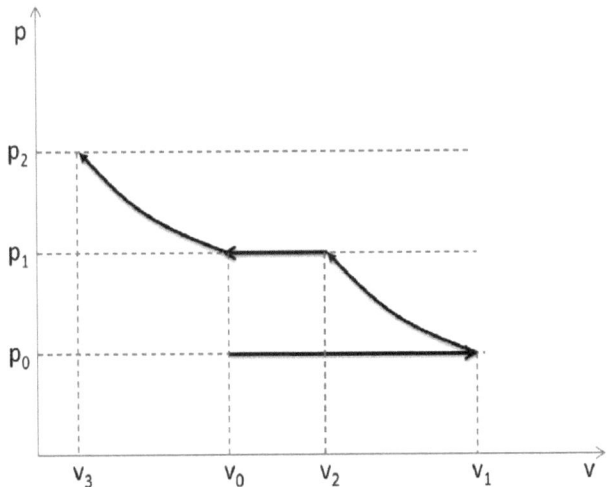

Figure 7.2: Diagramme P-V à deux étages de compression

La puissance de compression est donnée par la relation :

$$W = \dot{m}\frac{kRT_a}{k-1}\left[(p_1/p_0)^{\frac{k-1}{k}} + (p_2/p_1)^{\frac{k-1}{k}} - 2\right] \qquad (7.3)$$

$\dot{m}$: débit massique (kg/s)

k: constante polytropique de la transformation (1,4 pour les transformations adiabatiques; 1,35 dans ce cas)

R = 8,314 kJ/kmol.K

T_a: température ambiante (K)

p_0: pression premier étage (bar)

p_1: pression intermédiaire (bar)

p_2: pression deuxième étage (bar)

La masse volumique de l'air se calcule à l'aide de l'équation 7.4. La température moyenne de 35 °C conduit à 1,15 kg/m³.

$$\rho = 1{,}293/(1 + \frac{t(°C)}{273{,}15}) \qquad (7.4)$$

La quantité totale d'air produite par la première unité est de 11816,47 m³N (soit 1575,529 m³/h pour l'unité). En supposant la parité de débit conservée dans le temps, on admet un débit de 787,76 m³/h par compresseur. La puissance des compresseurs s'en déduit 57,57 kW.

L'optimisation du travail des compresseurs est primordiale. Le travail de compression doit être minimal afin d'avoir un bon rendement. Pour un travail minimal, l'équation 7.5 doit être vérifiée.

$$p_1 = (p_2 \cdot p_0)^{1/2} \qquad (7.5)$$

Pour le compresseur 7, la valeur obtenue à partir des manomètres est 3,1 (p_2 = 9,5 bar et p_0 = 1,013 bar) alors que le compresseur 8 ne dispose pas de manomètre.

Le rendement du groupe motocompresseur est donné par la relation :

$$\eta = W_c/P_a \qquad (7.6)$$
$$P_a = \sqrt{3}UI\cos\varphi \qquad (7.7)$$

Pa est la puissance électrique absorbée par le groupe. Pour évaluer la puissance moyenne absorbée par les compresseurs la consommation électrique sera utilisée sachant que les compresseurs fonctionnent pendant 24h/24 et 7j/7. A partir des consommations mensuelles les puissances déduites sont 80,79 et 89,74 kW pour les compresseurs 7 et 8, respectivement. D'où les rendements 68,40% pour le compresseur 7 et 61,60% pour l'autre.

7.8.2 Les fuites d'air

La mesure des débits de fuite est assez difficile. Sans instrument approprié on procède par le toucher, l'écoute des sifflotements, et l'examen attentif des orifices. Pour l'évaluation des débits, le tableau 7.11 a été utilisé. Les fuites répertoriées sont de plusieurs natures : purgeurs d'eau ouverts, purgeurs d'eau cassés, mauvaise étanchéité des raccords, mauvaise étanchéité des embouts, et flexibles endommagés.

Tableau 7.11: Débit de fuite d'air libre à 15 °C

Pression (bar)	1	2	3	4	5	6	7	8
Fuites (l/mn.mm^2)	23,12	34,68	46,25	57,81	69,37	80,94	92,50	104

Le débit de fuite dans le tableau 7.11 a été évalué à une température de 15 °C alors que la température moyenne sur le site est de 35 °C. Le tableau 7.12 donne le débit de fuite de l'installation.

La relation des gaz parfaits (7.8) montre que le volume devrait augmenter avec la température si la pression est constante et le débit de fuite consécutivement devrait augmenter avec la température. Pour tenir compte de cette réalité, il faut corriger le débit total par le coefficient α à évaluer.

$$pV = nRT \qquad (7.7)$$

Le coefficient α est le rapport des volumes – équation 7.8. Sa valeur sera de 1,07 d'où le débit total de fuite de 159 m^3/h.

$$\alpha = \frac{V}{V_{ref}} = \frac{T}{T_{ref}} \qquad (7.8)$$

D'autres fuites à l'intérieur des machines (soutireuses et étiqueteuses par exemple) existent par les sifflotements mais difficiles à quantifier compte tenu du fait que les machines sont toujours en marche. Ces fuites ont été estimées à 10% du total des fuites. La quantité d'air perdue serait dont 1 532 124 m³/an, soit 12% de la production et pour un coût annuel de 11 884 221 FCFA. En supposant un investissement de 10 000 000 FCFA dans un plan de réduction de ces fuites, le temps brut de retour serait d'environ 9 mois.

Tableau 7.12: Fuites répertoriées le 16/10/2003

Lieux	Nature	S (mm²)	q_v (m³/h) - 15 °C
Chaîne 5	Purgeur cassé	3	13,5
	Purgeur ouvert	3	13,5
	Raccord	3	13,5
	Té de raccordement	3	13,5
	Purgeur endommagé	3	13,5
	Purgeur endommagé	3	13,5
Chaîne 4	Purgeur décaisseuse	3	13,5
BBT	Raccord	2	9
	Raccord	3	13,5
	Raccord	1	4,5
SCADA	Raccord	1	4,5
	Raccord	3	13,5
CIP	Etanchéité	1	4,5
	Flexible	1	4,5
TOTAL		33	148,5

7.8.3 Régulation marche-arrêt des compresseurs

Les deux compresseurs de la première unité fonctionnent en mode bivalent (système lead-lag, première et deuxième priorités). La première priorité confère les limites de pression 6,5 - 7 bar et la deuxième 4,5 – 5 bar. L'air produit a une pression de 6,5 bars environ dans la canalisation de départ. Le refroidissement des pistons et autres pièces est assuré par une circulation d'eau contrôlée par un pressostat de sécurité qui coupe l'alimentation du compresseur lorsque la pression de l'eau vient à descendre en dessous de 1 bar. Le suivi des compteurs horaires montre que les compresseurs fonctionnent 24h/jour. Or sur des installations modernes, la séquence marche-arrêt est très souvent asservie à la pression dans le réservoir et gérée par un manostat. En réduisant grâce à ce système la durée de fonctionnement des compresseurs, on réaliserait des économies. En réduisant la durée de fonctionnement de 3 heures par jour, la quantité d'énergie récupérée est 171 383 kWh - ce qui représente 9,51% de la consommation des unités de compression. L'entreprise économiserait alors directement 8 479 997 FCFA. En estimant la mise en place d'un tel dispositif à 20 000 000 FCFA, le temps brut de retour est 2 ans 5 mois.

7.8.4 Analyse du dimensionnement de l'installation

A l'origine, les deux compresseurs avaient une capacité de 1 886 m^3/h. Durant l'étude, la capacité de production était d'environ 1 600 m^3/h, suffisante, mais à chaque arrêt d'un des compresseurs, il y a baisse de pression et il faut alors procéder à un délestage. Compte tenu de la croissance de l'entreprise qui se traduit par l'acquisition de nouveaux équipements (nouvelle chaîne de production, nouvelle station de nettoyage: CIP, etc.), il est nécessaire de procéder à un nouveau dimensionnement du réseau d'air comprimé. L'installation d'un troisième compresseur dont la capacité sera à déterminer s'avère nécessaire. Les avantages attendus sont la continuité de service et la facilitation de la maintenance par la mise en place d'un nouveau planning de fonctionnement.

7.9 Les recommandations

Les recommandations sont résumées dans le tableau 7.13 et les économies réalisables dans le tableau 7.14.

Tableau 7.13 : Résumé des recommandations sur le système d'air comprimé

N°	Objet	Recommandations
I- maintenance		
1	Filtres à air des compresseurs	Nettoyer une fois par mois pour éviter l'encrassement synonyme de diminution de débit d'air à l'entrée des compresseurs.
2	Courroies d'entraînement des compresseurs	Vérifier régulièrement les courroies de transmission pour éviter que les moteurs ne tournent à vide, ce qui engendrerait une baisse de la compression.
3	Les segments des pistons	Vérifier au moins une fois par mois l'état des pistons et de ses accessoires.
4	Purgeurs	Vider l'eau condensée dans les purgeurs des points d'utilisation chaque matin. Vérifier chaque matin que le purgeur n'est pas endommagé. Sa cassure engendre des fuites d'air. Remplacer les purgeurs usés.
II- contrôle		
5	Consommation électrique du sécheur	Installer un compteur électrique sur l'alimentation du sécheur afin de contrôler sa consommation énergétique et son rendement.
6	Compteur d'air	Réhabiliter le compteur d'air du brassage pour pouvoir contrôler la quantité d'air produite. Installer des compteurs d'air aux points d'utilisation.
III-efficacité		
7		Etablir un programme systématique de détection des fuites d'air. Le faire une fois par

	Les fuites d'air	semaine et de préférence le jour de la maintenance. Les opérateurs doivent être conscientisés sur la nécessité de signaler toute fuite constatée.
8	Régulation	Asservir la séquence marche-arrêt des compresseurs à la pression dans le réservoir.
9	Dimensionnement des installations	Installer un nouveau compresseur (de capacité minimale 1000 m^3/h) afin de faire une permutation ; ce qui facilitera la maintenance et évitera les arrêts brusques de production. Rechercher sur le marché des compresseurs à haut rendement et moins énergivores.

Tableau 7.14 : Economies réalisables sur le système d'air comprimé

Mesures	Economie annuelle		Inv. (FCFA)	TRB (mois)	ODP
		FCFA			
Réduction du taux des fuites	1 532 124 m^3/an	11 884 221	10 000 000	9	2
Amélioration de la régulation	171 383 kWh	8 479 997	20 000 000	29	3

7.10 Conclusion

La production d'air comprimé consomme environ 12,12% de l'énergie électrique totale utilisée dans l'usine. C'est donc un poste de consommation d'énergie important. Les fuites d'air sont néfastes et engendrent des pertes énormes, et de ce fait doivent être absolument éradiquées.

8. CONCLUSIONS

L'audit présenté s'est basé sur trois postes, l'étude de la facturation électrique, le système de production de la vapeur et celui de l'air comprimé. Beaucoup de postes sont restés inexplorés notamment la production de froid et l'eau.

Au terme de cet audit partiel, la réduction du ratio énergétique de 5,80% est envisageable. Ce qui représente 6,96% (102 319 394 FCFA) de réduction sur les dépenses annuelles.

Les mesures contenues dans cet audit ne sont pas exhaustives. Des études plus approfondies permettront à coup sûr de déterminer d'autres. Pour le succès du programme à mettre sur pieds, les points suivants seront essentiels :

- La volonté des gestionnaires de l'usine
- Le recrutement, la formation et la sensibilisation des techniciens sur les questions liées à la gestion de l'énergie
- Une maintenance programmée
- Une organisation rationnelle du travail et des effectifs
- La présence d'un gestionnaire des systèmes énergétiques (homme énergie) est nécessaire pour contrôler l'approvisionnement, la consommation et la gestion de l'énergie dans sa globalité.

BIBLIOGRAPHIE

[1] C.Z. Djiofack, and L.D. Omgba, Oil depletion and development in Cameroon: A critical appraisal of the permanent income hypothesis. Energy policy 39 (2011) 7202-7216.

[2] Institut National de la Statistique (INS). Annuaire statistique du Cameroun: recueil des séries d'informations statistiques sur les activités économiques, sociales, politiques et culturelles du pays jusqu'en 2010. (2011).

[3] V. Nkue, and D. Njomo, Analyse du système énergétique camerounais dans une perspective de développement soutenable. Revue de l'Energie 588 (2009).

[4] B.S. Diboma, and T. Tamo Tatietse, Power interruption costs to industries in Cameroon. *Energy Policy* 62 (**2013**) 582-592.

[5] B.F. Tchanche, The necessity of sustainable and affordable energy solutions for industrial companies in Cameroon, 1st International e-Conference on Energies, in Proc. of the 1st Electron. Conf. Energies, 14-31 March, 2014.

[6] T. Tamo Tatietse, A. Kemajou, and B.S. Diboma, Electricity self-generation costs for industrial companies in Cameroon. Energies 3 (2010) 1353 - 1368.

[7] A. Dumez, and M. Dumez, Diagnostic énergétique des chaufferies, les éditions parisiennes, 1999.

ANNEXES

Annexe 1 : Evolution des consommations énergétiques

Mois	Fioul		Electricité		Gasoil		Vol. de produits	Ratio
	l	*MJ*	*kWh*	*MJ*	*l*	*MJ*	*hl*	*MJ/hl*
07/02	392419	15072225	1103469	3972488	13785	499154,85	52712	370,767
08/02	425821	16355146	1220209	4392752	14425	522329,25	73134	290,839
09/02	391143	15023216	1187271	4274176	15510	561617,10	63582	312,337
10/02	359714	13816075	1158902	4172047	24575	889860,75	57143	330,364
11/02	399562	15346577	1416030	5097708	19657	711779,97	74332	284,616
12/02	422730	16236425	1411194	5080298	25533	924549,93	92160	241,333
01/03	405710	15582713	1349691	4858888	26711	967205,31	71351	300,049
02/03	308584	11852249	1332896	4798426	29834	1080289,14	75760	234,041
03/03	360150	13832821	1148947	4136209	23314	844199,94	63955	294,164
04/03	345450	13268216	1114345	4011642	40586	1469619,06	65504	286,234
05/03	374550	14385904	1168739	4207460	45447	1645635,87	67434	300,130
06/03	390820	15010810	1251185	4504266	23221	840832,41	73812	275,780
TOTAL AN	4576653	175782377	14862878	53506361	302598	10957073,58	830879	3520,655
MOY. MENS.	381388	14648531	1238573	4458863	25216,5	913089,47	69239,9	293,388
BILAN		211,56194		64,3973		13,19		289,147

Annexe 2 : Profil de consommation en énergie électrique

Mois	Conso. (kWh)	Conso. (kVarh)	Pmax (kW)	Dépassement	Nombre d'heures	cosφ
07/02	1103469	816006	2475	375	445,8460606	0,80
08/02	1220209	862991	2540	440	480,3972441	0,82
09/02	1187271	862028	2580	480	460,1825581	0,81
10/02	1158902	846250	2520	420	459,881746	0,81
11/02	1416030	1064827	2610	510	542,5402299	0,80
12/02	1411194	1065108	2620	520	538,6236641	0,80
01/03	1349691	1022732	2355	255	573,1171975	0,80
02/03	1332896	978130	2415	315	551,9238095	0,81
03/03	1148947	824203	2220	120	517,5436937	0,81
04/03	1114345	821774	2210	110	504,2285068	0,80
0503	1168739	853160	2285	185	511,483151	0,81
06/03	1251185	932761	2235	135	559,8143177	0,80
TOTAL	14862878	10949970	29065	3865	6145,582179	9,67
Moyenne	1238573,167	912497,5	2422,083	322,083	512,131	0,805

Annexe 3 : Estimation des coûts

Mois	Majoration Dépassement	Prime fixe	Location compteur	TVA (FCFA)	Coût (FCFA)	FCFA /kwh
07/02	1140625	1596875	9600	8276830	52536788	47,61056994
08/02	1338333	1596875	9600	9034246	57345725	46,99664156
09/02	1460000	1596875	9600	8886311	56406691	47,50953321
10/02	1277500	1596875	9600	8654437	54934854	47,40250168
11/02	1551250	1596875	9600	10254161	65089247	45,96600849
12/02	1581667	1596875	9600	10237005	64980350	46,04636216
01/03	889525	1831375	9600	10988538	69750778	51,67907173
02/03	1098825	1831375	9600	10952371	69521202	52,15800933
03/03	418600	1831375	9600	9474818	60142297,57	52,34558041
04/03	383717	1831375	9600	9230740	58592990	52,580655
05/03	645342	1831375	9600	9689658	61506012	52,62596012
06/03	470925	1831375	9600	10177532	64602838	51,63332201
TOTAL	12256309	20569500	115200	115856647	735409773	594,5542156
Moyenne	1021359,083	1714125	9600	9654720,6	61284148	49,546185
FCFA/kWh	49,479635					

103

Annexe 4 : Résultats des simulations

Puissance (kW)	Consommation (kWh)	Majoration	Prime fixe	Location	TVA	TOTAL
2100	586613281,5	12256308	20569500	115200	115856652,2	735410942
2200	586957695	8338308,333	21549000	115200	115371558	732331761
2300	587437781,5	5292391,7	22528500	115200	115074914,3	730448787,4
2400	588995271,5	2926700	23508000	115200	115106947,1	730652118,5
2500	590781556,8	1125416,667	24487500	115200	115287308,9	731796982,4
2600	568754435,7	91250	25467000	115200	111158014,6	705585900,4
2700	571217753,2	0	26446500	115200	111784757,8	709564211
2800	572736222,8	0	27426000	115200	112251878,1	712529300,9

Annexe 5 : Suivi des consommations mensuelles en électricité de la chaufferie

Juillet 2003	01/07/03	07/07/03	14/07/03	21/07/03	28/07/03	01/08/03
Chaudière 3	215575	216997	219537	221458	223819	225617
chaudière 4	861256	864446	866231	868064	869947	870699
cons 3 (kWh)		1422	2540	1921	2361	1798
cons 4 (kWh)		3190	1785	1833	1883	752
mensuel 3	**10042**					
mensuel 4	**9443**					

Août 2003	01/08/03	04/08/03	11/08/03	18/08/03	25/08/03	01/09/03
Chaudière 3	225617	226815	229373	232579	235802	238582
chaudière 4	870699	871184	873173	874342	875634	876937

105

		1198	2558	3206	3223	2780
cons 3 (kWh)						
cons 4 (kWh)		485	1989	1169	1292	1303
mensuel 3	**12965**					
mensuel 4	**6238**					
Septembre 03	01/09/03	08/09/03	15/09/03	22/09/03	29/09/03	01/10/03
Chaudière 3	238582	241497	244813	248187	251380	252367
chaudière 4	876937	877904	878927	880776	881573	881911
cons 3 (kWh)		2915	3316	3374	3193	987
cons 4 (kWh)		967	1023	1849	797	338
mensuel 3	**13785**					
mensuel 4	**4974**					

Annexe 6 : Amélioration du taux de recouvrement des condensats

	16/09	17	18	19	20	21	22	23	24	25/09/03	TOTAL
$q_a\,(m^3/h)$	41	38	53	47	23	44	37	32	30	42	387
$q_t\,(m^3/h)$	246	266	263	237	198	259	225	251	250	254	2449
Rec (%)	83,33	85,71	79,85	80,17	88,38	83,01	83,56	87,25	88,00	83,46	**84,27**

Oui, je veux morebooks!

I want morebooks!

Buy your books fast and straightforward online - at one of the world's fastest growing online book stores! Environmentally sound due to Print-on-Demand technologies.

Buy your books online at
www.get-morebooks.com

Achetez vos livres en ligne, vite et bien, sur l'une des librairies en ligne les plus performantes au monde!
En protégeant nos ressources et notre environnement grâce à l'impression à la demande.

La librairie en ligne pour acheter plus vite
www.morebooks.fr

VDM Verlagsservicegesellschaft mbH
Heinrich-Böcking-Str. 6-8   Telefax: +49 681 93 81 567-9   info@vdm-vsg.de
D - 66121 Saarbrücken   www.vdm-vsg.de

Printed by Books on Demand GmbH, Norderstedt / Germany